# Heinrich Hertz

Michael Eckert

# ハインリッヒ・ヘルツ

ミヒャエル・エッケルト

重光 司＝訳

東京電機大学出版局

# 日本語版によせて

専門の分野では、ハインリッヒ・ヘルツの名前は世界中に知れ渡っている。しかし、多くの一般の人々にとって、振動の周波数を示すHzから、この単位に呼称を設けるときに、名前を付けられた主が優れた人物であったに違いないとさりげなく教えられる。とはいえ、多くの専門家でも、１８８８年に行った電磁波に関する実験によって、あらゆる時代でもっとも偉大な物理学者に数えられる人物についてほとんど何も知らないのである。

ヘルツが研究者として短い人生を過ごしたドイツにおいても、ヘルツが亡くなって百年以上が経過して、初めて彼の一生が詳細な伝記となって現れた。アルブレヒト・フェルジングが、６００ページ以上に及ぶヘルツの人生と業績を詳細に描き出し多大な貢献をした。私自身のヘルツについての仕事は、これに刺激を受けた。ハンブルクで生まれた著名な人物をこの都市にささげる「ハンブルクの頭脳」叢書シリーズの一冊として簡潔なヘルツの評伝を出すにあたり、ハンブルクの出版社、エラートとリヒターが望んだのは、評伝でハインリッヒ・ヘルツを評価し、その際に独自の視点を置くことであった。

今、このヘルツの評伝が日本語に翻訳され、そして出版されることは、重光司氏の苦労と取り組みのおかげである。著者の私にとって、翻訳者が熱心にまた意欲的に取り組んでくれたことに、敬意を表し、深く感謝している。彼は日本の読者にドイツの独自性を理解してもらうように労を取ったばかりか、評伝を取り巻くことがらについて私のドイツ語原本に多くの情報を加えて、注釈を補足しました。この評伝が注目され、そして単位のHzとしてだけではなく、ハインリッヒ・ヘルツの名前が日本においても、よく知られることを願っている。

2016年7月

ミヒャエル・エッケルト

# まえがき

科学はスポーツに似ていて、――実際、科学は何と言ってても考えるスポーツでもある――、最高記録やプライオリティーに大騒ぎする。科学の場合、記録やプライオリティーは発見者や発明者に帰されることになる。これは当然なことで、科学が一般に広く普及していく前に、新しいものを認めるほど難しいことはない。全く同様に、専門家や門外漢の反対に逆らってまで、科学が新しいことをやり遂げるのも難しい。

科学そのものは、スポーツと違って、いささか変わった振る舞いをする。なにしろ、大抵の場合、科学は障害物に直面するとすべての障害物を洗い流して、高く泡立たせる波のようなものである。科学は進歩していく途中で、プライオリティーの権利を無視するようになり、最初に波に乗った者を配慮することもなく、また後からその波に貢献した者を完全に度外視し、すべてを圧倒しようとする。科学では最初に波に乗った者の後に続く人物をとり上げないことがしばしばある。科学は後に続いた人物が行う独立の、そして場合によっては独創的な発見も、新しい知識が広く受け入れられ、知れ渡っていくために必要である。科学のすばらしい体系は一番早く出現し、素早く組み立てた人物に支えられているだけではなく、少なからず後から来る人が行った研究にも依存している。

今日、多くの団体のメディア部門が「イノベーション」などと声を張り上げて宣伝するような場合に、その宣伝の内容を詳細に検討してみると余り度を越えたものはない。知識やまた発明の重要度は予告して惹《ひ》き起こす注目度と必ずしも合致していると言えないのである。

ハインリッヒ・ヘルツについては、すでに知っているという人が大勢いるかも知れませんが、本書の評伝を通して、彼のような真の天才を細部にわたって知ることは素晴らしくて、また有益でもある。自然科学者や技術者は彼の名前を短縮した――Hz（ヘルツ）――を正弦波の周波数の単位、一秒あたりの周波数として、常日頃口にしている。また、ハインリッヒ・ヘルツが電磁気に関するマクスウェル理論を初めて実験によって明らかにし、この理論を取りまとめ定式化していき、今日のマクスウェル方程式としたことも知られている。多くの人々はハインリッヒ・ヘルツをもっとも切れ味に富んだ実験を考え出した人物というよりは、むしろ「物理学の帝国宰相」として知られるヘルマン・ヘルムホルツの優秀な門下生として記憶されている。

ハインリッヒ・ヘルツが実験によって検証した電磁波は、電信、無線、テレビそして携帯電話へと、とりわけ電子的なテレコミュニケーションの道を開き、私たちが常日頃何げなく使っている物をもたらしたこともまた多くの人々の知るところである。物理学界のモーツァルトとしてヘルツが人生を終えた年齢はモーツァルトをわずかに一歳上回っただけだが、ヘルツ自身は自分の研究の応用と利用については知ることなく、利益を得ることは全くなかったのであった。

私が以前、カールスルーエ工科大学（TH）のハインリッヒ・ヘルツ客員教授として招かれるという栄誉に浴したときには、ヘルツについてはベルリン大学の助手であったこと、そのあとカールスルーエ工科大学の正教授として卓越した物理学上の発見をしたこと、そしてボン大学の正教授になったが、そこで若くして感染症に罹《かか》ったこと、それに国内外での名声、などについて述べられた資料や事実しか、知りませんでした。

ヘルツは教育をヴィヒャルト・ランゲ博士が教育改革運動を行っていた私立学校、当時すでに有名であったハンブルクのヨハネウム校と実家で受けている。両親の家は社会的に認められるために何代も前にユダヤ教からキリスト教に改宗したが、ハンブルクの政治と社会に重要な役割を果たした両親は古いユダヤ人の伝統的教育を守っていました。これについては、ミヒャエル・エッケルト氏によるハインリッヒ・ヘルツ教授の評伝を読むまでほとんど知りませんでした。多くの方々も同様かと考えます。また、私は国家社会主義者が「Hz」に異議を申し立て、「ヘルムホルツ」の略字として誤魔化そうとしたことも知りませんでした。もっとも、この試みは国際的な物理や工学の団体では何ら成功することはありませんでした。ただ、彼よりも長く生きた多くの親族とは異なり、彼は亡命者として過ごすとか、また強制的に生命を奪われるというような目に遭うことはありませんでした。

ヘルツが「ユダヤ人」の家系であることは、１８９５年版のマイヤー百科事典で、ヘンリック、マルチン、ヴィルヘルム・ルードヴィッヒそれにヴィルヘルムに次いで、いわばヘルツが余計な存在とされており、また私が持っている１９７４年版でも触れていません。このようなことについては当然ながら知る必要がないことです。

ドイツ人は科学や経済的な観点からだけではなくドイツ社会全体のためにも、百万人ものユダヤ人が追放され殺害されたときに、ドイツ系ユダヤ人や「ドイツに帰化した」ユダヤ人を失ったことを知るべきであるし、それはハンブルクの頭脳シリーズのような叢書からもわかります。この偉大なドイツ人の優れた評伝と「ハンブルクの頭脳」叢書シリーズを読まれる方には是非、このことについて考えていただきたいものである。

名誉教授　ヘルベルト・メルクル

ツァイト財団エベリンとゲルト・ベケリウス理事会理事

ツァイト財団エベリンとゲルト・ベケリウスはこの評伝の発刊にあたりご協力いただいた次のすべての方々にお礼を申し上げる。まず、偉大な物理学者の素晴らしい評伝の著者であるミヒャエル・エッケルト博士、「ハンブルクの頭脳」叢書シリーズの学問上の助言者であるフランクリン・コピチェ教授、ハンス・ディェター・ルース教授、テオ・ゾンマー博士、エルンスト・ペーター・ヴィッケンベルク博士それに出版社のマリタ・エラートリヒター女史とゲアハルト・リヒター氏ならびに同僚の方々、当基金で出版担当のクリスティン・ノイハウス女史。

教授　ミヒャエル・ゴーリング

ツァイト財団エベリンとゲルト・ベケリウス理事会理事長

ハインリッヒ・ヘルツ（1857 ～ 1894）。1890年頃。

# 目次

# 第一章　プロローグ

「どれほど私が息子を愛し、どれほど一緒に学び、努力しようとしたことか。そののち、息子は偉大で優れた人物になり、世界にいくらか貢献しました」とアンナ・エリザベス・ヘルツ[1]は、１９０１年、七年前にわずか三十六歳で亡くなった息子のハインリッヒ・ヘルツの誕生日に、思い浮かべた。同じ１９０１年、イタリアの発明家グリエルモ・マルコーニ[2]はイギリスの電波塔[3]から空中にヘルツの発見した電磁波で送信したモールス信号をニューファウンドランド島[4]で受信した。

本当の意味で全世界を包括する無線通信技術の急速な発展によって、ハインリッヒ・ヘルツは新しい時代の偶像となった。彼の母親は１９１０年に亡くなったが、１９０７年にはハンブルク[5]の新しい実業学校[6]の校名に息子の名が冠されたことは知らされていた。その後、１９６８年にハンブルク市はもう一度ヘルツを顕彰《けんしょう》した[7]。ヘルツにちなんでテレビ塔を命名したのであった。また二十一世紀になってからも、ヘルツの名前が忘れられていないことを、記念碑や記念メダルなど多くの顕彰品が示している[8]。

しかし、名前を石に刻み、金属に鋳造するなどして英雄視することは素晴らしい業績に対する見方を狭め、神話化を助長する。先駆的な取り組みに対する称賛はその称賛に値《あたい》する物の本質をほとんど反映しない。科学的な発見は熟した果物のように知恵の木から自然と落ちるのではなく、くねくねと曲がりくねった道の上で起こるものである。このようなことを踏まえて評伝を書き直すことによって、初めて我々は偉大な科学者をランク付けするような神話や伝説から解《と》き放《はな》されることになる。

ハインリッヒ・ヘルツは無線通信のパイオニアとして歴史に登場したが、「ヘルツ波」(9)は数多くある輝かしい科学上の業績の一部をあらわすもので、技術的な発見を目指して行った成果ではない。彼は自らを新しい技術の創始者としてではなく、物理学の全分野の探求を生きがいとする自然科学者と考えていたのであった。

さて、ハインリッヒ・ヘルツが研究に没頭していた頃の科学技術の水準はどのようなものであったであろうか。恐らく、彼は初めての本を蝋燭《ろうそく》かガス灯の明かりのもとで読んだはずである。というのも、十九世紀が終わろうとするときになって初めて電球による電気照明が都市を照らしたからであった。また、交通機関の動力については、まだ文字通りの「馬力」という単位が用いられていた。至る所で蒸気機関が人力に取って代わって行ったが、電気で動く機器は、１８８０年代以降の最新技術を紹介する電気博覧会で、展示される程度であった。

磁気と電気は、すでに自然現象として数世紀にわたって知られていたが、ヘルツが生きていた時代の日常生活では磁気コンパス、避雷針及びいくつかの医療上の応用、――フランツ・アントン・メスメル[10]が1775年に見つけた科学的には実証が不可能な「動物磁気」[11]による治癒力のような理論、いわゆるメスメリズムという科学的に誤った考え方による磁気治療[12]のような応用――、を除いて重要な役割を果たしていなかった。1894年5月5日、初めてハンブルクに電気駆動式の市電が「ガタコト」と音を立てて通りに現れたときには、すでにヘルツは亡くなっていた。電気や磁気を使って実験をするような大学でも、実験のための電気はまだコンセントから取ることはなかった。物理学者の講義、また電気火花を飛ばし、ガスをガス管の中で急に輝かせるような実験を行う場合には、必要な道具は研究者による手作りで、物理学研究所の工作場で製作しなければならなかった。

このような状況では、電気の本質を理論的に明らかにし、その上に工業を打ち建てる前にまだ研究すべきものが多く残っていた。十九世紀の初めより、電気と磁気は何かしら相互に関連していることが知られていた。電流の流れている導線の近くに磁石の針を持っていくと、針は電流の方向と直角に回転する。[13]磁石を金属の輪の中で動かすと、瞬間的に電流が流れる。このいわゆる電磁誘導[14]はイギリスの物理学者、マイケル・ファラデー[15]によって研究が行われ、1830年代に発見された。しかし、電流と磁気の本質が何であるのか、またそれらがどのように相互に作用し合うのかについて研究者はさまざまに異なる考え方を持っていた。ヘルツはこの分野で秩序を作り出そうとした。

十九世紀のさまざまな電気力学理論を取りまとめることは、物理学史を専門とする研究者にとっても大変な挑戦である。理論は実験によって検証され、反対にさまざまな実験によって理論の修正が行われる。このことは科学的な発見を歴史的に再構築するときに、「決定的」な実験と「正しい」理論を追求するだけではなく、のちにネックとなった研究や考えをたどっていくことでもあることを意味している。

最近の物理学の教科書によると、今日、「古典」と呼ばれている電気力学はジェームス・クラーク・マクスウェル(16)によって理論的な基礎が与えられ、ヘルツが実験によって発見した電磁波によって検証されたことになっている。しかし、これらの研究者の気持ちになって考え、その理論と実験の歴史をたどると、電気力学が持っている概念の多様性が、矛盾と複雑性の中で見えてくる。電磁波は電気力学を正当化する多くの現象の一つに過ぎない。ヘルツは電磁波の実験を始める前、さまざまな考えを根本から問い詰めるため、いろいろな研究に取り組んだ。

十九世紀後半の電気力学領域の展開を後から詳細に追って行くことが、この簡潔な評伝の目的ではない。むしろ十九世紀後半の電気分野の研究者がハインリッヒ・ヘルツをいかに評価し、そして——同僚としてまたライバルとして——、彼の研究成果がもたらした新たな電気時代の意義を、どのようにして科学的に理解し始めたかといった、物理学及び工学上の時代背景について、事情に通じていない人にもわかってもらいたい。当然のことながら、この評伝ではかつて母親がいわば広い意味で「いくらかは世界に貢献した」と紹介し、「無線の父」として名声を博したハインリッヒ・ヘルツの短い人生が中心となる。また、我々は二十世紀の物理学にもっとも深く名をとどめ、二十一世紀においてもなお科学的な歴史論争を引き起こしているヘルツを自然科学者として知ることとなろう。

それではどうして、ハンブルクなのか。何がハインリッヒ・ヘルツを「ハンブルクの頭脳」叢書シリーズ(17)の一人として選ばせたのか。彼はハンブルクで生まれ、埋葬されたが、短い人生のほとんどの時間を他の都市で過ごした。彼は学生生活を終えてから、時折、ハンブルクに帰ることはあったが、それ以外はハンブルクに足を運ぶことは稀《まれ》であった。それでもやはり、ハンブルクの実家は彼の人生でのよりどころであった。生涯にわたり、日常の重要なことや些細《ささい》な出来事から科学に対する自身の考えまで、常に両親に新しい情報として報告していた。この往復書簡のおかげで、彼の業績の成り立ちについて確かな知識を得ることができる。彼は物理の門外漢である両親に専門用語を使わずに自分の専門分野をわかってもらおうとして、両親に宛てた手紙では努めてわかりやすく書くことを心がけていた。それがこの評伝でも役に立った。かくしてこの評伝はハンブルクで始まり、絶えずハンブルクに立ち寄り、そしてハインリッヒ・ヘルツが亡くなったのちの長い追憶に目を向けながらハンブルクで終わることでしょう。

# 第二章　自由ハンザ都市の伝統

フランクフルト生まれの母親からハインス[1]と呼ばれたハインリッヒ少年が、のちに物理学者になるとは思いもよらなかった。彼の祖先には学者や自然科学者はいなかった。母方の祖父は医者で、父方の祖先はハンブルクのユダヤ人であった。長い間、ユダヤ人が職業として能力を発揮できるのは商工業分野に限られていた。しかし、ハンブルクのような自由な港湾都市では、ユダヤ人は他の場所と比べ、将来に対してより良い展望を持つことができた。

十八世紀末、ハンブルクには「ヘルツ」という名の家が二十軒ほどあった。ハンブルクのユダヤ人は約六千三百人で、ドイツ全土でもっとも大きなユダヤ人社会であった。ハインリッヒ・ヘルツの祖父、ヴォルフ・デビッド・ヘルツ[2]はこの地に長く住みついたユダヤ系家族の出身であった。祖父は商人で、1814年、ナポレオンの占領軍が撤退した後[3]、貿易禁止が解かれ、ハンブルクが急速に発展するに伴って多くの富を築いた。

ハンブルク港はヨーロッパ大陸にとって全世界からの商品や工業製品の積み替え場所となった。ハ

ハンブルクの弁護士グスタフ・ヘルツと妻アンナ・エリザベス（旧姓ペッファーコーン）と子供たち。左よりグスタフ、オットー、ハインリッヒ及びルドルフ（1869年撮影）[4]。

ンブルクは自立した都市国家として政治的にも独自の目標を追求しており、その目標は貿易によって主導されていた。「貿易を顧慮しない政治などハンブルクではあり得なかったし、今後もあり得ない。貿易こそが国家の存立の基盤」とフランス軍が撤退した後のハンブルクについてある都市歴史家[5]は書いている。１８２７年以降、ハンブルクは自由ハンザ都市[6]のリューベック[7]やブレーメン[8]と共に北アメリカ、中央ならびに南アメリカの多くの国々と通商条約を締結した。その後の十年間で海外との貿易額は五倍になった。

しかしながら、ユダヤ人にとってハンブルク市民として完全に認められるには、経済的な富だけでは十分でなかった。確かにヴォルフ・デビッド・ヘルツはケルンの銀行家ソロモン・オッペンハイム[9]の娘[10]と結婚することによって、ハンブルクの最富裕層に仲間入りすることができたが、ユダヤ教からルター派に改宗することで初めてハンブルク市民としての完全な同化ができた。彼の息子でハインリッヒ・ヘルツの父親のグスタフ・ヘルツ[11]はプロテスタントの儀式によって洗礼を受けた。こうして彼のユダヤ人の祖先には固く閉じられていたキャリアへの道が開かれた。グスタフ・ヘルツはハンブルクでは素晴らしい将来が約束されている職業、弁護士になった。貿易を行うにあたり、あらゆる種類の契約上の規則や保険契約の取り扱いの必要性が増大していた。

4歳頃のハインリッヒ・ヘルツ（右）と弟のグスタフ（1858～1904）。グスタフの息子、グスタフ・ルードウイッヒ・ヘルツ（1887～1975）は、叔父のハインリッヒと同様に物理学者で1925年にノーベル物理学賞を受賞した。

グスタフ・ヘルツは評判の良い弁護士であった。彼はフランクフルト・アム・マイン出身のプロテスタントの家庭の娘アンナ・エリザベス・ペッファーコーン[12]と結婚した。この結婚により、1857年2月22日に生まれたハインリッヒ・ヘルツは記録上ではプロテスタントの両親の息子であった。十九世紀で

1860年以降、ヘルツ一家はマグダレーネン通り 3番地に住んだ。この写真は電磁波発見百年後の 1988年の家の外観を示している。

は、市民社会への広範な同化を得るためにはこのやり方で十分であった。いずれにしろ、生前ハインリッヒ・ヘルツは人種を理由にした差別は受けなかった。国家社会主義（ナチズム）の狂信的な人種差別により、再びヘルツという名前はユダヤ人の家系であるという標《しるし》となり、そしてその烙印《らくいん》を押され、この名前を持っている多くの人が追放され、ハインリッヒ・ヘルツさえも死後追放となった。

１８５０年代のハンブルクの人々はこのような薄暗い将来への予感さえまだ持っていなかった。十九世紀、ハンブルクは多くの苦境にもかかわらず、歴史上かつてないほどの発展を遂げた。住民の数は「フランス人の時代[13]」から１８６０年までの五十年間で、約二十万人となりほぼ倍増した。さらに、その後の半世紀で、ハンブルクは百万人の都市となった。一方、このような成長に伴って、住民の経済格差が拡大してしまった。ハインスが生まれた時代、ハンブルクの住民の約五分の四がその日暮らしの状態であった。「ハンブルクは詩神ミューズ[14]を商売の神メリクリウス[15]以上に敬《うやま》うような都市ではない」と、１８５５年にハンブルクで開催された教員集会で、ある市参事会員が訓示した。学校教育はひどい状態にあった。裕福でない家庭は子供を貧民のための無料の学校に通わせるか、あるいは全く学校に通わせないかは自由であった。それはハンブルクがドイツの中で，義務教育の導入がもっとも遅れていた都市であったからである。十八世紀にすでに就学を義務と定めたプロイセンと異なり、ハンブルクでは1870年になって初めて就学の義務が法律で定められた。

ハインリッヒ・ヘルツのような裕福な家庭の子供は私立学校に通った。「1863年の大天使聖ミカエルの日[16]に、息子はヴィヒャルト・ランゲ博士[17]の学校に入学しました」と母親はハインスが亡くなってから七年後に書き留めた回想録の中で語っている。この学校はペスタロッチ教育改革[18]の伝統を有していた。わずか十二年前に創立されたばかりの改革学校に息子を通わせることが、このハンブルクの弁護士一家にとって、社会的に上昇するための支えであったことを示している。

母親は入学にあたり、息子にどのような準備をさせるべきか学校長に相談した。「ランゲ博士の希望で、私はいかなる準備もしませんでした。そのため息子が入学したとき、彼はまだ文字を知らなかったのです」。しかし、ハインスはすぐに熱心に勉強に取り組み、母親の心配は取り越し苦労であった。「彼にとって文章の読解の学習は容易で、やがてつねにクラスの上位を占めるようになりました。息子の意気込みに劣らず、私の熱意も非常に大きく、最初の一年半ほどは、息子の書いた文字はすべてチェックしました」。

母親と息子は学校教育から最大限の利益を得るため、お互い競争心に駆られた。「一筆《ひとふで》でもおろそかにするとただではすみませんでした。というのも、残念ながら、私は非常に厳しかったので、息子と言い争いとなる場面が幾度《いくど》もあったことを思い出します。それでも、息子は改めて私に勉強を見てくれるように懇願したので、私たちは再び最初から始めました。私は自分の要求を少し抑えるようにしながら、私と息子は一生懸命にそして辛抱強く努力しました」。

自分に劣らず野心的な息子に対する母親の自慢は彼女の回想録の隅々に見てとれる。「そうして、息子はすくすくと成長し、愛してやまなかった学校の誇りとなりました。ヴィヒャルト・ランゲ博士は私達のところにときどき訪ねてきて、ハインスについて非常に多くのことを語ってくれ、息子がなみなみならぬ人物になると、私にたびたび予言しました」。ハインスは本のみに熱中するような子供ではなかった。ランゲ博士は1867年の成績表で、十歳のハインリッヒを「特別の用心を必要とする臆病《おくびょう》な馬のようである」と評した。

学校は子供の手先の器用さも求めた。この点でハインリッヒ・ヘルツは特別の才能を示した。「十二歳になる前のクリスマスに，息子は立派な家具を製作できる工作台と工具を手に入れ、非常に喜んでいました。私も驚いたのですが、息子は家具職人の作業場を少しばかり訪ねるだけで、技術を習得し、すぐに誰の助けも借りることなく脚台や小さな机、それに非常に素敵な箪笥《たんす》を作りました」。しかし、利発な少年に不足しているものが一つだけあった。彼には音楽の才能が全くなかったのです。「私たちは適切さすがのハンブルクの改革派教育者の努力も、ここまでは十分な実を結ばなかった。

な練習を行って、ハインリッヒの音楽的な才能を引き出すことに努めましたが、今までのところ、我々の努力はほんのわずかしか報われていません。今後、より良い結果になるように期待しましょう」と学校からの成績表には記されていた。実際、「知的に目覚めた有能な少年を調和のとれた教育で、音楽の方面から」才能を引き出そうとした試みはすべて失敗に終わった。１８６５年の成績表では「斉唱《せいしょう》——理論的な理解ではハインリッヒは優秀な生徒の一人ですが、聴覚の形成に関しては、残念なことに以前のままであります」と記されてあった。その後の成績表では「歌唱——ハインリッヒは練習に参加していない」とのみ記されていた。

ハインリッヒはランゲ博士の学校に十五歳まで通った。彼は音楽を別にして、あらゆる方面、とりわけ古典の言葉には大《おお》いなる才能を示したため、父親はハンブルクで古くて有名なラテン語の学校ヨハネウム校[19]の上級クラスに編入させるために、個人授業を受けさせることを決めた。それから二年間というもの、ハインリッヒは毎日、わざわざ雇った家庭教師からラテン語、ギリシャ語それに数学を学んだ。日曜日には工芸の腕を上げるために、実業学校に通った。

父親が息子の教育の面倒を見ることが次第に多くなっていった。「息子と父親の生き生きとした会話は非常に楽しいものでした」と母親は回想録に書いている。「残念なことですが、私にはこの会話はほとんど理解できませんでした。ある晩、息子が数学の勉強で私に説明しようとやって来たとき、

「ああ、ハインス、数学は無理なのよ」と声を張り上げたことを思い出します。そこで、息子は私を腕の中に優しく抱きしめて、心の底から「可哀そうなお母さん、こんな楽しいものから逃げてしまうなんて」と言いました。食後には机に向かう勉強がなかったので、旋盤《せんばん》での加工に熱中していました。春になると息子は一台の旋盤を手に入れ、大変腕の良い旋盤工でマイスターのシュルツさんから教えを受けました。半ば冗談ですが後年、ハインリッヒが教授になったとシュルツさんに伝えたら、「ああ、それは残念、立派な旋盤工になっていたのに！」と叫んだことを付け加えておきます。シュルツさんと一緒にハインリッヒは象牙からとても素晴らしい工芸品を作りました。やがて自分一人で工作をするようになると、今までとは違ったものを作るようになりました。その当時、すでに息子はいろいろな物理器具を作っておりまして、ほとんど信じられないほどの根気でもって、真鍮《しんちゅう》のネジを作ったり、小さな重りを鋳造したりと、物理器具に必要な部品をすべて自分の手で作ったのでした」。

母親が人生でもっとも幸せであったと記憶にとどめた二年間の家庭での個人授業により、ハインリッヒはヨハネウム校の最終学年に編入できる準備が整った。父親はこの「ギムナジウム」（九年制高等中学校）で大学への入学資格を得ていたのであった。母親が書いているように、ハインリッヒはヨハネウム校の先生の間では「クラスで最良のギリシャ人」といった評価を勝ち得ていた。同級生は彼をがり勉とは思わなかったようであり、「息子は尊敬され、すべての同級生と仲良くしたことから、彼にとって学校生活は喜ばしいことばかりでした」。ただ、大学への入学資格試験だけが例外であっ

1845年頃のハンブルクの「ギムナジウム」であるヨハネウム校。ハインリッヒ・ヘルツは 1874年から 1875年までこのギムナジウムに通学した。

た。新しい学校長はヨハネウム校での職務に就くやいなや厳格な学校管理を導入した。前任者のあまりにもお粗末と思われた学校管理に対する見せしめの場として、自分の管理下で行った最初の大学入学資格試験を利用した。二十三名の受験生のうち、わずか十二名のみが試験に合格した。半世紀を経た後でさえ、ヨハネウム校の編年史では、この独善的な学校長が行った「差をつけずに平等に扱う訓練によって」、「学校、家族そして全市を巻き込むような異常な騒ぎとなって」、学校の名声に傷をつけたとして怒りをぶちまけている。ハインリッヒ・ヘルツはスキャンダラスな大学入学資格試験に合格できた運の良い生徒の一人であった。しかし、すべての科目で、成績が最優秀と評価されなかったことから、すっかり意気消沈してしまった。母親が述べたところによれば、「彼は落ち込んで家に戻ってきたので、

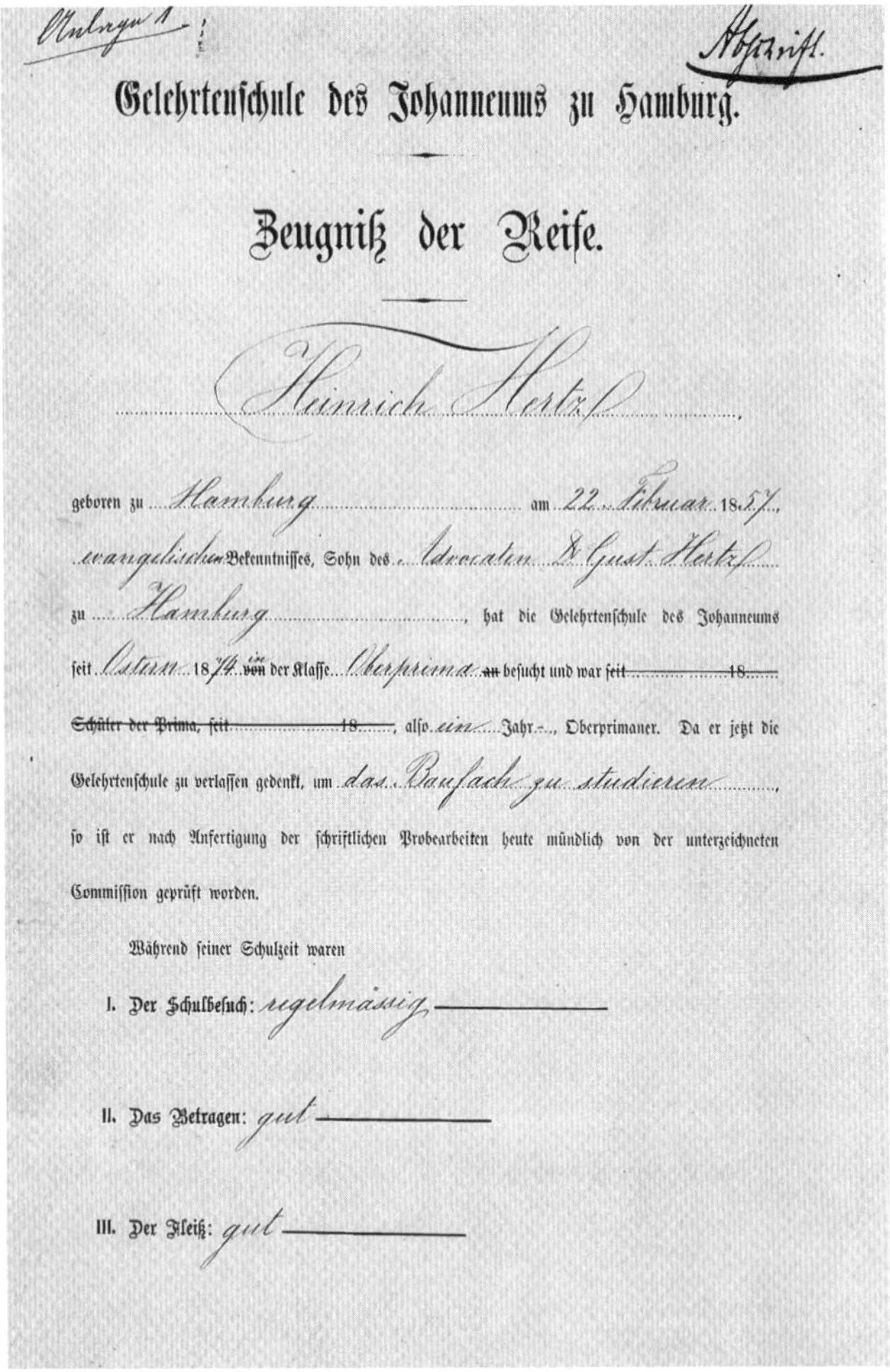

Anlage 1

Abschrift.

Gelehrtenschule des Johanneums zu Hamburg.

Zeugniß der Reife.

Heinrich Hertz,

geboren zu Hamburg am 22. Februar 1857,

evangelischen Bekenntnisses, Sohn des Advocaten Dr Gust. Hertz,

zu Hamburg, hat die Gelehrtenschule des Johanneums

seit Ostern 1874 in ~~von~~ der Klasse Oberprima ~~an~~ besucht und war ~~seit 18~~

~~Schüler der Prima, seit 18~~, also ein Jahr, Oberprimaner. Da er jetzt die Gelehrtenschule zu verlassen gedenkt, um das Baufach zu studieren, so ist er nach Anfertigung der schriftlichen Probearbeiten heute mündlich von der unterzeichneten Commission geprüft worden.

Während seiner Schulzeit waren

I. Der Schulbesuch: regelmässig

II. Das Betragen: gut

III. Der Fleiß: gut

1875年、ハインリッヒ・ヘルツは高校卒業証明書を授与された。この年、23名の受験生のうちわずかに12名のみがヨハネウム校での大学入学資格試験に合格した[20]。

合格を喜ぶ代わりに慰めなければなりませんでした」。

人文系のギムナジウムで大学への入学資格試験に合格したことから、ハインリッヒ・ヘルツはすべての学問を学ぶ道が拓けた。もし彼が父親のように法律を学んでいたとしたら、ハンブルクの家庭の伝統に則《のっと》って弁護士になったことであろう。この家庭の伝統に従って、ハインリッヒの弟グスタフ・ヘルツ(21)は弁護士になった。しかしながら、ハインリッヒは他の職業を思い描いていた。大学への入学資格試験を受ける前、「私はフランクフルト・アム・マインに行き、建築技師になるための国家試験の受験資格である一年間の実務研修をプロイセンの建築家のもとで行うことを考えています」と履歴書に書いていた。

建築技師という職業が家庭の伝統にないものであったとはいえ、ハンブルクの歴史を見れば、十九世紀半ば頃にハンブルクで育った若者にとって、建築技師になるという希望は全く理解できないことではなかった。1842年、壊滅的な火災、いわゆる大火災(22)でハンブルクの大部分が焼失してしまった。復興は町の大掛かりな近代化の機会と捉えられた。当時、ハンブルクを訪れたある人は「堅実で豊かな上層の市民と商人の家に代わって、今やあらゆる様式の新しい建物があたかも地面から生えるような速さで、次から次へと空高く聳《そび》え立っている」と残念がって述べている。一方、再建を賛美する人もいた。「ハンブルクで起こっていることは無条件の賛美に値する。新しい通りに広場の施設、それに水路などは、驚くような資金の豊富さと魅力によって、ただ単に実用上のみならず、芸術上もびっくりするほど素晴らしいものだ」と別の訪問者は述べている。ハンブルクの建築監督官フリッツ・シューマッハー[23]は1842年の大火災後の再建を「芸術作品のハンブルク」と言い表した。ハインリッヒ・ヘルツもまた、この生まれ変わった新しいハンブルクを建築上の芸術作品と考えたかどうかは不明であるが、少なくとも活発な建築工事にそれ相応の感銘を受けたはずである。さもなければ、彼は建築技師の職業を希望しなかったであろう。

1875年の春に建築の研修でフランクフルトに行ったとき、彼は多くの新しい建造物に感銘を受けた。フランクフルトに到着した一週間後、両親への手紙で、「ここでは、教会、博物館、個人住宅、陸橋、水路それに鉄道建設と非常に多くのものがありとあらゆる様式で建てられています。またマイン川には二つの橋が計画されていますが、年内に着手されるかどうかはわかりません」と書いている。

思い描いていた建築技師の職に就くと決心したにもかかわらず、ハインリッヒ・ヘルツにはすでにより高きものへの希望も芽生えていた。大学入学資格試験のための履歴書の中で、彼は「この職業に向いていなかったり、自然科学への関心がさらに増すようになった場合には、私自身は純粋科学に身を捧げるであろう。もっともふさわしい職に就けるよう神が取り計らってくれますように」と付け加えていた。

# 第三章　エンジニアか、物理学者か

ハインリッヒ・ヘルツはフランクフルトで初めて一人暮らしを始めた。父親からの送金のおかげで、彼は生活費を工面する必要はなかったが、「人生の厳しさ」を初めて肌で感じた。フランクフルト建築局の研修生として、彼は短いが規則正しい毎日六時間の勤務に慣れねばならなかったが、すぐに飽きてしまった。同僚も好みに合わなかった。「付き合うことはないにしても、事務所でも建築現場でも同僚とはうまくやって行けるでしょう」と両親に報告した。

母親はフランクフルト生まれなので、彼に寂しさを紛らわすために親戚[1]を訪ねるように取り計らった。それでも、彼はホームシックにかかってしまった。「父上、母上、それに友人とこんなに遠く離れていることを別として私は順調に行っています。昨日、初めて親戚を訪ねませんでした。それで、その晩、自分がしていることを考えたのですが、一日中、親しみのある言葉を一言も話さず、また、聞いたりもしなかったことに思い至りました」と別の手紙で両親に書いている。

彼は知的な欲求をフランクフルトの市立図書館で満たした。「エウリピデス[2]の二編の戯曲作品を読み終わってから、プラトンの(3)『国家』を借りました。確かに分厚い本ですが、言葉とか意味とかが容易に理解でき、私は読書を楽しんでいます。そのうち読み終わることでしょう。このほかには専門の勉強をしておりますが、今後は再び数学に取り組むつもりです」とも伝えている。

フランクフルトに着いてほぼ半年が過ぎた頃、ハインリッヒ・ヘルツは自分の感じたことや体験したことを日記につけ始めた。「事務所に行く気がしない」と1875年9月25日の日記に記している。二日後にはすべてを投げ出そうとした。「ホームシックや無精からではなく、もはや自分の活動の中に何かためになり、また役に立つような仕事を見つけられない」という理由で、父親にどうしてもハンブルクに帰りたいと書いた。だが、父親は頑張り抜くように諭《さと》し、従順な息子は運命に身を委《ゆだ》ねたのであった。9月30日の日記で「事務所は退屈極まりない」と彼は再び心中を打ち明けている。彼は古典ギリシャ語の本を読んで新しいことに気晴らしをしていた。折に触れ、物理も勉強したが、それが本当の使命であるとはまだ気づいていなかった。彼には職業の選択についてためらいがあったが、未《いま》だプロイセンの建築技師の国家公務員への道に進もうとしていた。1875年10月25日の日記には、次のように書いた。

夕方、事務所で私にプロイセンの国家試験を受けるのを思いとどまらせようとする同僚と些細《ささい》な言い争いをした。彼らは受験の正統性は認めつつも、私が国家公務員にならなければ、役に立たないばかりか無意味であり、プロイセン国家の建築技師は金銭的にも報酬が少なく、機械並みとしか見なされておらず、プロイセン国家のために働くばかりで概して出世もしないと言った。同僚の最後の言葉は私にとっては非常に関心があるが、信じるつもりはない。望む通り、試験にうまく合格すれば、私をポーゼン[4]に送ることはないであろうし、無為のままほったらかしにすることもないであろう。ともかくも勉強を始めた以上、勉強を続けなければならない。ヴュルナー[5]の本（物理学の教科書）を読んでいるうちに、再び自然科学についても多大の関心を持ち始めたところである。しかし、私は自ら自分に対して一番素晴らしい目標を掲《かか》げた以上、これをあきらめることはできない。ともかくも、肝腎なことはプロイセンの建築技師、とりわけ、立派な建築技師がこの資格をあきらめろと忠告したということは聞いたことがなく、私にそう忠告したのは概して全く意味のないことである。

その後、何週間にもわたって彼は建築技師という職業の積極的な面を見い出そうと大変な努力を払った。それなのに、日記からは自然科学がますますもって彼を魅了していったことが見てとれる。「読書室では定期刊行の雑誌にさっと目を通したあと、特にウィーンの万国博覧会[6]に関する報告書にあった化学産業の発展という記事を読んだ。家では大抵《たいてい》、ティンダル[7]の『運動としての熱[8]』を読んだ」。研修中に、フランクフルトの新しい証券取引所の建物の設計図を作成しなければならなかった。

1879年にフランクフルトの新しい証券取引所が落成したが、その設計にはハインリッヒ・ヘルツも関係していた。この建物はフランクフルトの初期ヴィルヘルム時代のもっとも重要な建造物である。

彼は「面倒な計算を必要とした証券取引所の屋根の設計図ができ上がった後も、新しい上マイン川橋の仕事にかかりきりになった」。

職業の選択についての迷いやホームシック、それにまだ定まらない自然科学への抑えがたい欲求の間で思い悩み、彼はハンブルクの実家でのクリスマス休暇を待ち望んでいた。休暇の際、父親はまだ残っている三か月間の建築の研修を、しっかりとやり遂げるべきこととして息子の胸に刻みつけたに違いない。事実、一度選択した建築技師への道についての迷いは、それ以降、日記でも手紙でも目にすることがなくなった。日記には「復活祭まで、フランクフルトで内々に主として数学を勉強した」という書き込みが見られるが、これによって、彼がほかの勉強をするための準備をしていたという証拠にはならない。なぜなら、建築技師という職業にとっても、数学は必要な知識であったからである。

建築局での研修を無事に終えた1876年の夏、次に進むべきは高等工業学校での勉強であった。ハインリッヒ・ヘルツはフランクフルトでの研修の後はできる限り実家にいたかったが、ハンブルクにはまだ工業の単科の学校がなかった。彼は勉強の場所として、エルベ川畔の都市ドレスデン[9]を選んだ。ドレスデンの建造物は世界的に有名で、――カールスルーエやミュンヘンに次いで――ドイツでもっとも古い高等工業学校[10]の一つがあった。ドレスデンでは有名なゴットフリード・ゼムパー[11]が、1849年に共和国主義者として亡命しなければならなくなる前、独自の建築様式を作り出した。続く十年間で急速な工業化が進み、「エルベのフィレンツェ[12]」は新旧の建造物がうまく調和した都市としても有名になった。新たな鉄道のためにエルベ川をまたぐ巨大な陸橋や駅舎の建設のさなかで、ドレスデンは建築技師の仕事を学ぶ学生にとって刺激的な場所となった。五十年そこそこの伝統しかない高等工業学校が新しい豪華な建物となって拡張され、高層建築学科も新設された。建築の勉強を始めたばかりの学生にとって、職業訓練としてこれ以上にふさわしい場所はなかったはずであり、ハインリッヒ・ヘルツも強い印象を受けた。

しかしながら、ドレスデンの建造物の豪華なたたずまいはどちらかといえばまともな講義とは対照的であった。「講義にまじめに出席していますが、二つを除いて退屈きわまりないです。二つの例外は数学と哲学史で、ともに信じられないほど面白いです。ほかの講義が退屈であるのにはいろいろな

1875年、ドレスデンの高等工業学校の本部校舎が落成。ハインリッヒ・ヘルツはここで1876年の夏学期から建築の勉強を開始した。

理由があり、画法幾何学は単なる復習に過ぎません。——中略——。製図は単に機械的な練習に過ぎません。たとえば、砂をあらわすのに二千から三千の細かい点を規則正しく書いたりしています。積分計算の応用に関しては週二回、内容もかなり広範な範囲にわたった宿題が出ますが、自分は毎日それ以上の計算をしています」と両親に書き送っている。数学がヘルツの主たる関心事であったが、独学に近いものであった。哲学についても、彼にとって講義が最初のきっかけを与えたに過ぎなかった。「図書館からカント[13]の『純粋理性批判』を借りた」と1876年5月31日に、哲学の独学について日記に書き留めているが、その二週間後には再び、「カントの『空間と時間』を読んだ」としている。

　駆け出しの建築技師として本来関心を持つべき専門分野について、やがて手紙や日記で語ることがなくなった。1876年の秋、彼は「一年間の志願兵(14)」としての軍務を果たすために勉強を中断した。彼はベルリンの鉄道部隊に登録し、そこでベルリンの建築アカデミーの講義を聴講する機会を得た。講義は鉄道の路盤設備やトンネルと架橋の建設あるいは防御設備の設計など、まさに建築技師の活動を取り巻くテーマを網羅《もうら》していた。このような専門分野の魅力があったにも関わらず、最初の一週間、何とか積極的な面を見つけ出そうとした軍隊での在営期間を、時間の無駄と考えざるを得なくなった。1877年の夏、まだ三か月ほど耐えねばならなかった頃、「毎日四回もカレンダーを見ました」と両親に書いている。

「一年間の志願兵」として軍務中のハインリッヒ・ヘルツ。1876～77年、ベルリンの第一近衛鉄道連隊で任務を終了した。

そのような中でもっとも良かったことは建築学専攻の学生と出会い、将来の勉強についていろいろなアドバイスを手に入れたことであった。一学期間の単調な講義を受けたあと、彼はドレスデンに戻ろうとはしなかった。学友の幾人かは彼にミュンヘンにはもっと魅力的な場所があると、熱心に話した。ミュンヘンには高等工業学校(15)とは別に、芸術大学と総合大学があった。それで、二十歳の彼は1877〜78年の冬学期から、ミュンヘン高等工業学校で建築工学の勉強を続けようと決心した。彼は二年以内にミュンヘンで建築技師になるつもりですと両親に知らせた。

ミュンヘンに着いたばかりではあったが、「ミュンヘンで勉強すべき」との学友のアドバイスが完全に正しかったことが明らかとなった。すぐに見学した美術館は、彼がこれまでにドレスデンやベルリンで観てきたどんな美術品よりも「実に見事で立派」で、彼はこれを「豪華なコレクション」と呼んで夢中になった。

だが、高等工業学校での勉強に熱心に勤《いそ》しんだのもつかの間、自分自身と両親に「恥ずべき告白」をすることになった。ミュンヘンに来る前にすでに悩んでいたのに違いない。なぜかというと、「恥ずべき告白」をミュンヘンでの新たな勉強のせいにするには、悩んだ期間があまりにも短すぎるからである。ことここに至り、1877年11月1日、「終わりにしなければなりません。今この瞬間にでも私は専攻を変更して自然科学を学びたいのです」と彼は長く感動的な手紙を書いた。彼は両親に長い間の躊躇《ためら》いに理解を求めるとともに、自然科学に身を捧げてよいかと許しを請うた。この手紙はハインリッヒ・ヘルツとハンブルクの両親との間の固い絆《きずな》を示すばかりでなく、まだはっきりしない将来の職業の選択に直面して、思い込みが激しくなった彼自身の危機をも示すものである。

今学期中には、自然科学に身を捧げるべきか、あるいは自然科学を自分本来の勉強と見なさずに平凡な建築技師になるために、自然科学と完全に決別し、余分な時間を自然科学の勉強に向けることを諦めなければならないかどうかという分かれ道にぶつかるでしょう。――中略――。この前、学習計画を取りまとめてみてわかったのです。わかった以上、もう迷いはありません。私は数学と自然科学に余分な時間を使うことをきっぱりと諦めようと思います。とはいえ、これまでも数学と自然科学の勉強に本当に勤しみ、それだけが自分にとっての喜びであり、ほかのすべてのことが私にとってつまらなく思えて、とても数学と自然科学の勉強を断念することはできないことが一度にはっきりしました。このような考えが突然頭に思い浮かんだので、すぐにでも飛び上がって、父上、母上に知らせたかったたぐらいです。数日間、じっくりあれこれと物事を考えましたが、それでも違った結論には至りませんでした。もっと早くにはっきりしていたのではないかということについてはわかりませんが、確かに、ここミュンヘンには意図的に数学や自然科学の学科を聴講するために私はやってきたのであり、地形図や建築の設計あるいは建築材料などが、自分の専攻となるべきものであるとは考えていませんでした。――中略――。優れた技師よりは優れた自然科学者でありたく、さもなければ、取るに足りない自然科学者よりは平凡な技師でありたいと、かねて自分によく言い聞かせていたことで自分を責めました。今、のるか反るかの分かれ目で、「それに、生命を手に入れようなら、生命を賭けなくっちゃな(16)」とシラー(17)が言ったことはまさに真実であり、過度に慎重になることは愚かなことであろうと考えます。建築技師になるということはとりもなおさず確実にパン（収入）を得ることであることを隠そうとは思いませんが、親愛なる父上、今までもほとんどそうであったように、今回も非常に長く父上の援助に甘えなければならなくなるであろうと考えるとつらいことです。それでも、自分としては全身全霊をもって自然科学に身を捧《ささ》げることができ、また、身を捧げることが自分にとっても大きな満足であろうと感じる一方、世間が工学と呼ぶところのものには私は満足ができず、そのため、いつもほかの仕事を探そうと、次から次へと学校を転々としたのだと思います。――中略――。このようなことすべて、そしてほかの多くのことをいろいろと私は深く考え、父上と母上からの賛同を得るまで更に考えるつもりです。ともかくも、建築技師になれば多くの実務的かつ具体的な利益があるということはわかりました。しかし、それは外部の要因でやむを得ず強制される場合以外は、自分としてはやりたくないようなある種の自己否定と断念が伴うものとなるでしょう。敬愛する父上からは、賛同以外のいかなる忠告もいただきたくありません。自分には忠告はもう必要ではないばかりか、忠告に長く付き合っている時間がないのです。しかし、自然科学を勉強すべきであると言っていただければ、父上からの大きな贈り物として受け取ることができるでしょうし、一生懸命に心を込めて打ち込んで、物事をやり遂げることができます。父上が私と同じ判断を下されることを信じています。なぜなら、第一に父上は私の進む道を一度も妨害されたことはなく、第二に私が自然科学を勉強していたことをよく喜んで見てくれていたようだったからです。しかし、もし仮に父上が私が今進んでいる建築技師への道をもっとも良い道、――私は今ではもはやそうとは信じていないのですが――と考えられるのでしたら、それを完全にやり遂げるつもりです。というのも、迷いと優柔不断さにはもううんざりしているからです。でも、これまで通りに続けると私は少しも進歩しません。今をおいて決断する時期はなく、私はこれ以上時間を無駄にしたくないのです。私はすでに失われた時間を十分後悔しています。

父親は折り返しの手紙で専攻の変更に対する同意を伝えた。大喜びのハインリッヒはただちにミュンヘン大学に入学手続きをし、物理学のフィリップ・フォン・ヨリー教授(18)を訪ねた。ハインリッヒはハンブルクの父親に「教授は非常に親切で、数学と力学を特別に重視するよう教えてくれ、その上、古くて有名な原典であるラグランジェ(19)やラプラス(20)の著作を手に入れて勉強しなさいと言ってくれました」と報告した。年老いた物理学教授は野心的な学生に刺激的な研究への道にすぐには進むべきでないと教えたのであった。

この三年前、ヨリー教授は理論物理学の研究に専念すべきかどうか、との別の学生の質問に「理論物理学は素晴らしい分野であるが、――中略――、基本的に新しい業績を上げることはできない」と答えた。この学生の名はマックス・プランク(21)であった。ヨリー教授の発言に関するプランクの記憶が

ミュンヘン大学の物理学の正教授フィリップ・フォン・ヨリー（1809～1884）。彼のもとで、ハインリッヒ・ヘルツは1877～78年の冬学期から物理学の勉強を開始した。

正しいとすれば、この年老いた教授は希望に燃えた物理の学生を鼓舞《こぶ》するというよりは、むしろがっかりさせたということになる[22]。しかしながら、年老いた大学者に惹《ひ》かれていた青年ヘルツにとっては、ヨリー教授の忠告は彼を奮い立たせるものであった。「それは自分がもっとも望むことでありました」とハンブルクに知らせるとともに、「それはそうとして、自分は主として実験物理と実験化学の講義を取り、それ以外には数学や哲学、あるいは自然科学の講義を一つか二つ聴講しています」と報告している。

物理学への道に進んだことで気が楽になった。すでに述べた講義に加え、ヘルツはミュンヘン大学での最初の学期では高揚感から通常は上級生のみが聴講することとなっている数学の講義に無理をして飛び込んだ。三人の聴講生の一人として、私講師の資格で数学者としての道を歩み始めたばかりのアルフレッド・プリングスハイム[23]のもとで高等数学の特別な分野であった「楕円関数」の講義を聴講した。彼は至る所で新しく未知の科目に出会った。両親には興奮気味に次のように知らせた。

しかし、謎を解明することは楽しいことです。私には解明された自然が、未知の自然より美しいとは思えません。現在、三つまたは四つのことについて勉強を進めています。まず、一つは自然科学そのもので、そのための講義に出ています。二つ目は数学で、ラグランジェの著作を読み、楕円関数の講義を取っています。三つ目は数学史。四つ目は一般自然史で、これはいわば骨休めのためです。

毎日の宿題が精神的な糧《かて》への癒《いや》しがたい飢えを埋めてくれた。「朝八時から十時の間、読書室で私はラグランジェを学習し、――しかし、ラグランジェはひどく抽象的であり、そればかりに専念したり、無理やりそうしたりすることもできないので、時折《ときおり》、違った数学の本に向かっています――、午前十時から午後一時または午前十時から午後三時までは、講義や食事あるいはちょっとした用を足し、午後二時から四時、または午後三時から四時までは読書室で動物学、植物学、鉱物学を学習し、少なくともこのような分野の全貌を把握しようと努めています。鉱物学は当然もっと詳しく後でやらないといけません。それから、普段は一時間から二時間ほどかけてイギリス公園(24)を散歩したり、――母上がここで散歩できればきっと喜ぶことでしょう――、それから家に戻り、そのまま昼食もとったりしています。家では数学史を勉強しています。――中略――。この勉強を通じて、現在の数学の個々の分野の相互の結びつきを理解したいのです。――中略――。また、私には百ほどのやりたい実験があることも書いておきたいです」と両親に知らせている。彼はハンブルクでの休暇を楽しみにしていたが、今や彼をハンブルクの実家に向けさせる望郷だけではなく、いろいろな研究にとって必要な機器を自ら製作する旋盤の楽しみという「再度の急激な方向転換」に身を置きたかったからである。

それに続く1878年の夏学期では、彼は物理学の実習に重点を置いた。実習のための作業は彼にとって重要で、ミュンヘン大学のヨリー教授のもとで週六時間の実習を、ミュンヘン高等工業学校[25]で週八時間の実習を行った。高等工業学校の方が彼にとって実習という観点からはより設備が充実しているように見えた。彼は日曜大工に慣れ親しんでいるので、実習では非常にうまくやったと思う一方、少し楽をし過ぎたと感じた。「全体として、今期は前期より楽をしています。今期は前期よりも物理に重点を置いたからです。それは数学も同様で、ラグランジェやラプラスの著作よりも理解が容易でありました」とハンブルクへの週ごとの手紙で知らせている。ミュンヘン大学での両学期を通じ、彼は数学と物理学の素養を十分に積んだと考えたことから、実験の勉強を深めようとした。しかし、ミュンヘン大学では彼の要望に見合うような見通しが立たなかった。ミュンヘン高等工業学校の実験物理学者はいろいろな大学での勉強の可能性について彼に情報を提供し、その中でも特にライプツッヒ大学[26]やベルリン大学[27]を、最善の勉強の場として紹介した。ヘルツはベルリン大学を選択した。

# 第四章　物理学の帝国宰相のもとでの教え

1870年代以前、ドイツのほとんどすべての大学では、物理学は他の学科にとっての単なる補助的な学問として存在が認められるお飾りの科目でしかなかった。物理学の講義を聴き、実習を修了することなどは、せいぜい医学教育の枠組みの中で行うか、または教職の試験に必要な科目であり、ハインリッヒ・ヘルツのように、物理学を職業とすることが自分の使命であると感じているような学生はほとんどいなかった。大学や高等工業学校で物理学を教えるわずかな教授は別として、職業としての物理学者はいなかった。物理学の研究なるものは、たとえあったとしても、設備が乏しく狭い物理学の小部屋（キャビネット）で行われていた。たとえば、ライプツッヒ大学ではこのような小部屋は改築された修道院の独房に置かれていた。

こうした事情は十九世紀後半の三分の一の時期になると次第に変わり始め、――ヴェルナー・ジーメンスが語るところの[1]――、新しい「自然科学の時代[2]」が始まった。ドイツの大学には、時代遅れの物理学の小部屋に代わって、一世代前の物理学者には夢に見ることさえかなわなかったような測定機

| 大学 | 連邦構成州 | 建設年 | 開校年 | 費用（マルク） |
|---|---|---|---|---|
| ベルリン | プロイセン | 1873 ～ 1878 | 1878 | 1,542,578 |
| ボン | プロイセン | 1911 ～ 1913 | 1913 | 436,700 |
| ブレスラウ | プロイセン | 1898 ～ 1900/01 | 1900/01 | 363,900 |
| エルランゲン | バイエルン | 1892 ～ 1894 | 1894 | 211,500 |
| フライブルク | バーデン | 1888 ～ 1890 | 1891 | 193,162 |
| ギーセン | ヘッセン | 1897 ～ 1900 | 1900 | 350,000 |
| ゲッティンゲン | プロイセン | 1903 ～ 1905 | 1905 | 429,900 |
| グライフスヴァルト | プロイセン | 1889 ～ 1891 | 1891 | 204,500 |
| ハレ | プロイセン | 1887 ～ 1890 | 1890 | 296,240 |
| ハイデルベルク | バーデン | 1912 ～ 1913 | 1913 | 791,000 |
| イェーナ | テューリンゲン | 1882 ～ 1884 | 1884 | 65,000 |
| | | 1900 ～ 1902 | 1902 | 175,000 |
| キール | プロイセン | 1899 ～ 1901 | 1901 | 237,000 |
| ケーニヒスベルク | プロイセン | 1884 ～ 1888 | 1888 | 339,924 |
| ライプツィヒ | ザクセン | 1872 ～ 1873/7 | 1873/74 | 151,200 |
| | | 1901 ～ 1904 | 1904/05 | 1,363,000 |
| マールブルク | プロイセン | 1912 ～ 1915 | 1915 | 419,330 |
| ミュンスター | プロイセン | 1898 ～ 1901 | 1901 | 127,400 |
| ミュンヘン | バイエルン | 1893 ～ 1894 | 1894 | 430,000 |
| ロストック | メクレンブルク | 1909 ～ 1910 | 1910 | 229,200 |
| シュトラースブルク | エルザス | 1879 ～ 1883 | 1882 | 583,542 |
| テュービンゲン | ヴュルテンベルク | 1886 ～ 1888 | 1888 | 260,000 |
| ヴュルツブルグ | バイエルン | 1878 ～ 1879 | 1879 | 162,650 |

物理学における「制度改革」。1871年のドイツ帝国成立後の 30年間にほとんどのドイツの大学には物理学研究所が設けられた(3)。

1885年頃のベルリン大学物理学研究所。ここでハインリッヒ・ヘルツは電気力学の研究で実験物理学者としての経歴を歩むこととなった。

器や実験設備を備えた新たな物理学研究所が設けられた。このような「制度改革」[4]が行われたとはいえ、物理学の歴史家デヴィッド・カーハン[5]がこの改革について述べているように、同時期にどこにでも物理学研究所が設けられたわけではなかった。最初の物理学研究所の設置は政治的な理由によるものであった。ベルリン大学とシュトラースブルク大学[6]の物理学科で、最初に高価で立派な物理学研究所が設置されたのは偶然ではない。１８７１年のドイツ帝国の成立[7]とともに、ベルリンはドイツ帝国の首都としてのみならず、ザクセン[8]の科学においても特別な役割を演じることが期待された。シュトラースブルクでは、１８７０～７１年のフランスとの戦いに勝利した後、勝利にふさわしい施策があったとしたら、ドイツ科学は何ができるかを示そうとした。他のドイツの連邦州も遅れまいと大学での物理学研究所の拡張に乗り出した。バイエルンの

「物理学の帝国宰相」ヘルマン・ヘルムホルツ（1821 ～ 1894）、ルードヴィッヒ・クナウス[9] の手になる油絵（1881年作、ベルリンのアルテ・ナショナルギャラリー所蔵）。ハインリッヒ・ヘルツは 1880 ～ 83年の間、ヘルムホルツの助手としてベルリンの物理学会の社交的な雰囲気の中で交友関係を築いた。

大学での物理学研究所の拡張が一番遅れたことから、野心家のヘルツが、ミュンヘン高等工業学校でベルリン大学での幸運を求めるよう忠告されたことは不思議ではない。1894年になってミュンヘン大学[10]に物理学研究所が設けられた。物理学研究所の拡張に対する財政的な費用負担もまたまちまちであった。ベルリン大学では新しい物理学研究所に百五十万ライヒマルクを支出したが、ミュンヘン大学ではこの額の三分の一程度が支出されたに過ぎなかった。

加えて、「制度改革」が国内における最高の頭脳の獲得をめぐる競争をもたらした。ベルリン大学の物理学研究所はヘルマン・ヘルムホルツ[11]の監督下にあった。「ヘルムホルツ教授は自然科学の世界では文句なく評判で、ベルリン大学への招聘は政治的にも大きな意味がある」と1870年、プロイセンの文部大臣が大蔵大臣に宛てて書いている。ヘルムホルツは音響学から電気力学に至る画期的な業績で世界的な名声を博していた。彼は実験物理学者であり理論家でもあったが、更に指導者としても管理者としても多大な尊敬を集めていた。しかも、彼の評判は物理学に留まらなかった。実験生理学もまた彼が開拓したものであった。ベルリンが会社の乱立に沸《わ》いていた時代、彼は科学界の代表者として、科学を支配する人物の一人となり、最終的には「物理学の帝国宰相」との評判をとった（画家フランツ・フォン・レンバッハ[12]が命名したとされる）。

他の大学でも新しい物理学研究所の管理を実績のある第一人者の手に委《ゆだ》ねた。シュトラースブルク大学では、天分豊かな実験物理学者で教員であったアウグスト・クント[13]が物理学研究所の正教授になり、その「学派」からは、たとえば、コンラート・レントゲン[14]を輩出《はいしゅつ》している。十九世紀も後半の三分の一の時期には、新しい物理学研究所を特徴付けることになった多くの物理学者を輩出し、彼らの幾人かの名前をあげただけでも、ヘルマン・ヘルムホルツとグスタフ・キルヒホフ[15]（ベルリン大学）、ルドルフ・クラウジウス[16]（ボン大学）、アウグスト・クント（シュトラースブルク大学）、フリードリッヒ・コールラウシュ[17]（ヴュルツブルク大学）と、あたかも古典物理学の『人名事典（Who is Who）[18]』といった様相を呈している。

ハインリッヒ・ヘルツが新たな勉学の場が出現することを期待していたころ、ベルリン以外の他の

グスタフ・キルヒホフ（1824 ～ 1887）。ハインリッヒ・ヘルツはベルリン大学で彼の理論物理学の講義を聴講した。

都市で勉強をする可能性があったかも知れなかった。ベルリン大学を選んだことで、彼はもっとも有名な場所を優先したことになったが、多くの学生の中の一人として、思うほど注目されないという危険もあった。「多くの講義ですべての席が埋まっています。聖霊降臨祭《せいれいこうりんさい》[19]のときの駅の切符売り場の窓口のように、十時には大学の玄関ホールに急いで割り込まねばなりません」と彼は両親にベルリン大学の盛況ぶりを語っている。それでも、彼は非常に満足していた。キルヒホフの電気と磁気に関する理論の講義はそれほど新しいものではなかったが、「彼の説明は素晴らしく、講義を聴くことが本当に楽しみです。まして自分は講義の内容と通常の誘導の仕方をすでに知っているので一層楽しんでいます」と感激して、ハンブルクに知らせている。

彼は数学の講義も聴講していたが、――恐らく単なる好奇心以上の気持ちを持って――、歴史家でドイツ帝国議会の議員であったハインリッヒ・フォン・トライチュケ[20]の社会主義についての講義を聴講し、明らかに多くの点で同感した。「その講義には非常に多くの聴講者がつめかけ、聴講者には多くの将校や大学に直接関係のない人々も含まれていました。彼の講義は非常に面白く、私は今学期の残りの期間もこの講義に出席することになるでしょう」と両親に知らせている。次の年の1879年の夏学期は物理学の第四学期にあたっていたが、建築工学の勉強からきっぱりと離れて以来というもの、講義の聴講には関心がなくなっていた。「沢山の講義には出ず、基本的にはヘルムホルツ教授の数理音響学のみに出席しています。キルヒホフ教授の力学の講義には聴講届を出しましたが、キルヒホフ教授は正確に自分の本に沿って講義をするだけで、私は大部分のテーマはすでに知っており、さしあたり講義には出ません」とも知らせている。

このように沢山のかつ雑多な講義を選んでいては、規則正しい物理学の勉強などとてもできない。ヘルツはほとんどの勉強を家に持ち帰って自分でやった。ただ、実際の実習は本から得ることはできなかった。そのため、ミュンヘン大学ですでに物理学の実習を修了していたにもかかわらず、ベルリン大学に到着すると、すぐヘルムホルツのもとでの実習を履修した。ヘルムホルツは実習を非常に熱心に受け持っていることで知られていたし、ヘルツにとって嬉しかったことに、自分が取り組みたかったテーマを実習の中に見い出したのであった。ベルリン大学は学生の能力を発揮させるために、定期的に賞金付きのコンテストを開催していたが、ヘルツはこのコンテストの懸賞問題(21)こそが自分が取り組みたかったテーマにぴったりであると確信し、喜び勇《いさ》んだ。「これは多少なりとも自分の専門であり、取り組んでみるつもりです」と彼はハンブルクに知らせている。彼はこの懸賞問題についてすぐにヘルムホルツと話をし、ヘルムホルツは彼に文献についての助言とさらに必要な情報も与えた。一週間後、ヘルツは勝利を収めた。両親には「私は昨日から実験室で実験中です」と書き、懸賞問題のテーマを「その大意に従って」、彼は次のように知らせた。「電気が質量を持って物体の中を動く場合には、ある条件で、ある大きさの特別電流（電流のオン・オフに伴って二次的に生じる電流）が生じます。この懸賞問題は特別電流の大きさに関するもので、特別電流の大きさから運動している質量を推定するのです」。両親にはこのことについて多くを語っていない。今日の物理学者でさえも、この問題の本質がどこにあるのかを自問するはずである。

電流は電荷の流れであり、荷電粒子（キャリヤー）は質量を持っているので、その粒子の加速や減速の際に当然慣性が働くのだと現在では説明するであろう。水が入ったバケツを突然押すと、バケツの縁から（慣性の）水が「ピチャピチャ」と音を立ててこぼれる。電流をある種の液体として扱った場合には、電流のオン・オフ時に「ピチャピチャ」と液体がこぼれるように、特別電流が確認できる。

しかし、懸賞問題が作成されたときから荷電粒子の主要な運び手と見なせる電子の発見までには、まだ二十年も待たなければならなかった。１８７０年代では、電気の本質に関してさまざまに相異なる考えがあるという複雑な事情を前にして、初めて懸賞問題の本当の問題点がはっきりする。問題の本質はいろいろ異なっている理論の縺《もつれ》について、慣性の作用を解明することによって、電気力学を救うことが期待されたのであった。ヘルムホルツは懸賞問題が解かれることで自分たちが考えている電気力学理論に対抗している考え方は間違っているということが明らかになることを期待した。

ハインリッヒ・ヘルツは懸賞問題の解明に巻き込まれたときには、その問題の背景についてはほとんど何も知らなかった。何よりもまず、彼にとって物理学研究所で偉大なヘルムホルツの指導のもとで実験ができる選ばれた人々の輪の中に入るということが重要であった。五十八歳のヘルムホルツは二十二歳のヘルツにとって権威と父親像が重なっていた。「このような実験を手掛けることができるのは私にとってとても素晴らしいことです」と彼は両親に知らせている。ヘルムホルツは彼に助手たちを紹介してくれた。「そして親切なことに、更に二十分にわたり私にどのように実験を始めればよいのか、またどのような器具を使えばよいのかなどについて話をしてくれました」。彼は実験室が「素晴らしく整っており、部屋には工具、ガス、水道、送風機台などが備わっています」と両親に知らせている。

ヘルムホルツは毎日、実習生や助手の研究の進み具合を確認しにやってきた。懸賞問題の実験に関する議論はわずか「数分」であったと、すぐにヘルツは冷静になって気付いた。その上、彼は懸賞問題の実験を「特段ありがたいとも思わなかった。予想による結果が否定的である。すなわち、ある特定の現象が起きることが期待されないので、実験を行ってもその現象が起きることはない。しかし、そこにこそ問題の本質があったのである」。言い換えれば、ヘルツは懸賞問題でテーマとなった慣性の効果を立証するために、ヘルツは自分の持っている実験手法をすべて注ぎ込んだのだが、ヘルムホルツは慣性の効果なるもの自体が存在しないことを予想していた。ヘルムホルツは電気の根拠が物質的なものとは信じられない以上、慣性の効果などあり得ないと考えていた。

ヘルツにとって、コントロールできる方法で測定の精度をあげて実験を行い、最終的に慣性の効果があったとしても、否定的な結果からはその慣性の効果が検出できる限界値以下であるということであった。大抵の場合、実験は「コルクを切ったり、ワイヤーにやすりをかけたりするなど」といった彼には時間の無駄としか見えないようなつまらないことをも含め、かなりの忍耐と注意を要した。「私の知識がまだ不十分なままですので、こんなことに多くの時間を割《さ》くのが正しいかどうか多分に疑問です」。今、彼は特殊なテーマに集中的に取り組んでいることを「むしろ奇妙なこと」と感じていた。それは少し前まで「ランゲ博士から教えてもらったことを二度と忘れることのないようにした」にすぎなかった。最終的には、実験物理学者として真価を発揮し得るであろうという満足感と充実感の思いが再び勝った。「しかし、それでもやはり、この仕事は失いたくありません。絶えず他人から自分一人のために学ぶことに比べ、自分と他人のために自然から教えを得られることについて私の満足感が、どれほど高いかは筆舌《ひつぜつ》に尽くし難いのです。ただ私が本にしがみついて勉強している限り、社会にとって私が不必要な一員であるという気持ちから離れられないでしょう」と両親に知らせている。

ハインリッヒ・ヘルツは最初の一週間ですぐにベルリン大学の物理学研究所の実験室での日々の仕

事に基本的に馴染んだが、このような経験が起伏に富んだ彼の人生を決めることになった。「私の研究はさらに進んでいます。しかし、残念ながらゴールに向かって常に真っ直ぐにではなく、右や左へとそれます。実際、一週間前には重要な点はすぐに終わると思っていたのに、私はまた、最初に逆戻りしています。困難を克服しても、もっと大きな問題が出てくるのです。仕事には忍耐が必要です」とハンブルクに知らせ、両親は彼に同情した。「敬愛する母上、私の研究にそんなに関心を持っていただけることはとてもありがたいことです。事実、先週、研究は非常にうまく行きました」と三か月にわたった厳密な実験の後で書いている。このとき、彼は実験を通じて、慣性の効果など存在しない理論と徹底的に取り組んだ。「勿論《もちろん》、私はより肯定的な結果が欲しかったのですが、自然の中に存在しないと考えられる以上、私自身、その結果に納得しなければならないでしょう。研究の結果がこれまでの理論とよく合致しているように願うばかりです」。

1878～79年の冬学期のみならず、それ以降も彼は懸賞問題に専念した。しかし、懸賞問題を解くと、問題がヘルツには全くつまらないものに思えた。「一日でできるかも知れないような二、三の実験と計算から成り立っており、ほとんど無意味に思え、審査の対象とならないように望んだ」。しかし、心配は無用であった。ヘルムホルツとキルヒホフは感心し、彼に賞を授けた。(22)「私にとって結果は好都合でした。私は賞金を得ただけではなく学部の評価も高くなり、私にとって賞金の価値はほとんど二倍に跳ね上がった」とヘルツは喜んだ。受賞は自意識も高めた。1879年8月に家族に知らせたように、彼は受賞した論文を「恐らくは翌年の博士論文」に役立てたいと考えていた。

ヘルムホルツは自分の指導のもとで物理学の道へ最初の一歩を踏み出した野心的な学生に楽をさせるつもりはなかった。彼はヘルツに「二年から三年間丸々要するような」新しい研究を提案した。ヘルツはいずれにせよこの提案された研究を行うのは時間の無駄と、幾分か冷静になって判断した。「新しい研究に対するヘルムホルツ教授の要請とその仕方が、特に光栄あるものではなく、また教授の支援と関心が約束されない限りは」、その研究を引き受けないであろうと、彼は両親に書いている。(23)この新しい課題とは懸賞問題であった。今回、ベルリン大学のみならずプロイセンの科学アカデミーも懸賞問題(24)を公示した。両方の組織から提案された懸賞問題の背後にはヘルムホルツがいて、新しい懸賞問題の解決を通じて、相拮抗《あいきっこう》している電気力学理論の中で、どの理論が正しいか根本的な解決が図れることが期待された。

懸賞問題は十九世紀の物理学の状況下に身を置いて初めて理解できる。二つの天体がどのように引き合うのか、また、二つの電気的に帯電した物体がどのように反発したり引き合ったりするのかといった問題について、自然科学者の間にはいつの時代でも原理・原則にかかわる論争があった。物体によって力が互いに作用し合い、真空中でも作用し得るとする考え方、これは「遠隔作用」(25)と呼ばれ、力は仲介する媒質によって働くという考え方と対立していた。「近接作用」(26)の考えでは、力は直接的な接触によって伝わり得ると考えた。この考えでは物体の間に物質が存在し、力の作用はその中で変化を引き起こさなければならない。静かな海で近くに別の船を揺らせて進んでいく船を考えて見よう。船を揺らせる力は船の間に横たわる水を通じて伝わり、伝わった跡は波の形で残るのである。

この二つの考え方のどちらが電気的および磁気的な力の作用にあてはまるのかということが懸賞問題として取り上げられた背景にあった。天体についてはアイザック・ニュートン(27)が遠隔作用の考え方を念頭に置いて、太陽の引力を地球に伝えるのに媒質の必要がないとして、疑問に答えた。しかし、電気的及び磁気的な現象については英国の物理学者マイケル・ファラデーとジェームス・クラーク・マクスウェルが電荷間または磁極間では媒質が伝わる場を通じて力が伝わるとする別の考え方を示した。磁石の両磁極間の力はやすりで削った鉄粉によって見ることができる。要するに、磁気力は磁極の間の空間に伝わり、目には見えない磁力線に沿って糸状の織物のように鉄粉が配列するのである。

1860年代、マクスウェルはそのような電場と磁場について、四つの方程式で数学的に電磁場を統合するという理論を打ち立てた。この理論は多分に「エーテル(28)」と呼ばれる媒質を用いた謎め

ジェームス・クラーク・マクスウェル（1831～1879）は電気力学を理論付けた。ハインリッヒ・ヘルツは自分が行った実験でマクスウェルの理論を証明し、その真の意味を知らしめた。

いた仮説に基づくものであったが、方程式には説得力があり、ものの見事に単純で、現象をうまく説明していたために幻想として片づける訳には行かなかった。他方、遠隔作用による理論は電荷の間に媒質がいらないという利点を持っていたが、数学的な展開がより複雑であった。

ヘルムホルツはドイツの同僚たちの遠隔作用理論を全面的に否定することはしなかったが、むしろ英国での近接作用理論により強い影響を受けた(29)。そもそも、最初の懸賞問題では電気の電荷を「粒子」として扱っていいかどうかを決めることで、それによって多粒子の慣性作用がどのようにして生じるかが重要であった。今や、彼は電気の電荷の間の空間を詳しく調べようとしたのであった。この後数年と数か月にわたって、ハインリッヒ・ヘルツが研究者としての関心をどこに集中させたかを知るうえで、懸賞問題の公示文書を再録することには意味がある。

ファラデーによって打ち立てられ、クラーク・マクスウェルが数学的に導入した電気力学理論は、宇宙空間でも同様であるが、絶縁体での誘電分極の生成と消滅が電流の電気力学な作用を有し、この電気力学的に誘導された力によって引き起こされる現象であることを前提としている。――中略――。マクスウェルが前提とした強さで、誘電分極の生成と消滅に電気力学作用が存在するのか否か、または磁気的あるいは電気力学的に誘導される電気力によって絶縁体で誘電分極が引き起こされるのか否かを決定的な実験上の証拠で示すことをアカデミーは求める。

門外漢にとってのみならず、現在の物理学者にとっても、これらは非常に理解しにくい文章である。「絶縁体での誘導分極の生成と消滅」とはいったい何を意味するのか。金属と異なり絶縁体は自由に動き回る電荷を持たない。遠隔作用という考えに立てば、絶縁体ではそもそも電流は生じないはずである。ところが、マクスウェルの理論では、絶縁体でも、たとえば近傍で電荷があちこちに動けば、あちこちに電流のこぼれが生じる。もう一度、傍《そば》を通り過ぎる船によって揺れる船を考えて見るとよい。船舶間の水面の上下運動は電気力学における電磁的に変動する場に対応しており、絶縁体であっても止まることはない。この「絶縁体での誘電分極の生成と消滅」が、相競合する電気力学理論の間でいずれの理論が正しいかを決定することであった。ヘルツにとってこれは大きな問題であり、最終的に電磁波の発見に導くものであった。この問題は「電気振動に関係することすべてに神経を集中」させたと、1892年に刊行した『電気力の伝播についての研究[30]』の第一巻に書いてある。

いずれにせよ1879年に戻ろう。ヘルツがこの問題に取り組もうとしていたときにはまだこの証明は考えられていなかった。公示の三年後でも懸賞問題は未解決のままであった。「懸賞問題は処理されていない」と1882年のアカデミーの記録に記されている。候補者がいないので賞金は与えられなかったというのが本当であるが、懸賞問題が「処理されていない」というのは全く真実に反する。最初、ヘルツはこの問題を解決するのに多大な努力を払った。彼は実験に取り掛かる前に問題を理論的に解決しようとした。彼にとって、この問題がかかえている主たる難点は理論的に必要な強度を持った時間的に変動する電場を作り出すことにあるように思われた。たとえば、彼は急速に回転する円板と磁石の配置を自分で考え出したが、彼が用いた配置では求めていた現象が摩擦電気のような他の作用と重なっているかも知れないという結果となった。彼は自分の計算結果をヘルムホルツに手渡し、そして彼は懸賞問題を実験的に検証できる見込みが少ないと正直に伝えた。しかしながら、同時代の電気理論で彼が検討している中にさらに追求したくなることがいくつかあった。ヘルムホルツはそれについては満足げであった。

彼の博士論文のテーマは同じように電気的、磁気的な現象の分野であったが、実験による解明というよりは理論的なアプローチであった。たとえば、すでに1830年代より、磁石をコイルの中で動かすと、コイルに巻いた金属線の終端間で電圧が発生することが知られていた。この現象は「電磁誘導」と名付けられていた。ファラデーとマクスウェルによって打ち立てられた磁場と電圧の関係に関する法則は、電磁気に関するマクスウェルの一般理論と一致していたが、他の配置での誘導現象は未だに計算されていなかった。非現実的な簡略化のもとではあったものの、磁場中で回転する金属板の場合についてのみ、金属板は無限に回転するとすでに論じられていた。磁場中で回転する金属球についても誘導現象を予測すべきであるが、それについては、今までまだ誰もその答えを見い出していなかった。ここに、ヘルツは理論家としての名をあげるチャンスを見い出したのであった。

あまりにも意気込んで研究に打ち込んだため、両親に向かって定期的に手紙を書くことをなおざりにするほどであった。「私から自分のことについてお知らせすることは余りありません。この頃は、これ以上望めないほどの成功と喜びで自分のことを顧みることなく始めた研究を続けています。この研究のために手紙をあまり書かなかったことをお詫《わ》びします。母上、どうぞご安心ください。体の健康にも気を付けて、毎日食後一時間、動物公園へ散歩に行き、どんなに寒く孤独であっても走っています」と1879年のクリスマスの直前に両親に知らせている。

すべてが思いのままに進んだ。数週間のうちに、ヘルツはベルリン大学の哲学部に博士論文を提出できた。その前に、わずか四学期間での勉強にもかかわらず、博士号試験への受験を認めてもらうために、彼はプロイセンの文部省に申請書を提出しなければならなかった。「今までのところ、ここでの話は希望通り、それも考えられる以上の速さで進んでいます。11日に申請書を提出し、15日には全書類を学部長のところに持って行き、16日には、私が望んでいるように論文と申請書が学部に全権委任されたとの知らせを文部省より受け取りました」と1880年の1月17日にハンブルクに報告した。

1880年の2月5日に決まった博士号の試験前に、ヘルツはまだ更に問題を片づけなければならなかった。彼は「常に物理学と数学それに哲学を順々に、部分的にはまだ講義ノートも参照しなければならなかったが、繰り返し精力的に復習しました」と両親に報告している。短期間の勉学では、彼はほとんどを教科書に頼り、そして出席していなかった講義に関連した質問に直面することを恐れた。加えて、試験委員会の教授に「燕尾服《えんびふく》とシルクハットで訪問」といった社交上の慣例があり、そ

Ueber die

# Induction in rotirenden Kugeln.

INAUGURAL-DISSERTATION

ZUR

ERLANGUNG DER DOCTORWÜRDE

VON DER PHILOSOPHISCHEN FACULTÄT

DER

FRIEDRICH-WILHELMS-UNIVERSITÄT ZU BERLIN

GENEHMIGT

UND

ÖFFENTLICH ZU VERTHEIDIGEN

am 15. März 1880

von

**Heinrich Hertz**

aus Hamburg.

OPPONENTEN:

Herr Dr. med. C. Günther.
- Cand. phil. F. Schulze-Berge.
- Stud. jur. G. Hertz.

BERLIN.

Buchdruckerei von Gustav Schade (Otto Francke).

Linienstr. 158.

1880年、ハインリッヒ・ヘルツはこの論文「回転する金属球での誘導について」で博士号を授与され、理論物理学においても最高の業績をあげることができることを示した(31)。

の際には、口頭試験の問題となる分野を慎重に探りながら丁寧な挨拶《あいさつ》を交わすことで、受験者と試験官との間でそれにふさわしい雰囲気を作り出さなければならなかった。

それでも、ヘルツは自らの疑念をものともせずにこの障害をも乗り越えた。彼は二番目によい総合評価である「magna cum laude」(32)(優)で博士号の試験に合格したが、この評価には非常に厳格な試験の儀式を考えると、彼には自慢であった。「私の成績で当地の大学での博士号には値打ちがあり、特に、ヘルムホルツとキルヒホフの両教授のもとではそんなに多くないはずです」と両親に説明している。ヘルムホルツが博士論文に最良の評価である「優秀」と認めたことは、彼にとってこの上なく嬉しかったはずである。

# 第五章　天職としての物理学者

両親が息子ハインスを自慢に思ったのは当然であった。ハインスは建築技師の勉強をやめ、最短時間でしかも未《いま》だに二十三歳で、「物理学の帝国宰相」ヘルムホルツのもとで最高の評価を得て、物理学者に生まれ変わったのであった。このような成功にもかかわらず、手紙には手放しで喜びが爆発したようなことがほとんど見られないのは、恐らくハンザ同盟市民の冷静な気質によるものであった。「今や試験に合格したことはそっとしておきましょう」とハインリッヒ・ヘルツは喜びを爆発させる代わりに、自らと両親に平常に戻るよう戒《いまし》めている。

ヘルツは優れた成績で合格した博士号の試験に感激して胸を張って喜ぶこともせず、そして彼がすぐにギアを切り替えて新たな課題に取り組んだからといって、ハンブルクの両親の教育のせいとばかりは言えない。将来の職業のことを考えると、博士号そのものには余り意味がなかった。物理学の勉学を終えた者で、職業として物理学を教えることができるのは高度な教職のみであったことから、彼は将来の職業のために教職試験も修了しておくべきであった。しかし、ヘルツにとって物理学は単なる教授科目以上のものであった。彼は物理学者になるのは神から与えられた使命と思っていたので物理学の勉強を始めるにあたって、すでに的確に述べているように、物理学とはまず何よりも「自然そのものから自分と他人のために教えを引き出す」ことを意味していた。自分の判断で研究ができるのは裕福な民間の研究者か大学の教授に限られていた。ヘルツは両親にいつまでも養ってもらうつもりはなかったので、彼は大学教授になって神から与えられた使命を職業にしたいと望んだ。わずかに二十を上回るほどしかない総合大学や工科大学で、それも一人や二人の物理学の正教授しかいないことを考えると、この道へ進むのは大変な冒険であった。しかし、ヘルムホルツに認められればヘルツは大学教授への道が開けるという望みを抱いたのかもしれなかった。

大学教授への道は次のようであった。[1] ドイツで大学教授の道を歩むには、大学教授になるための資格を取得すること、候補者が大学で講義を行う教員資格を得る手続きで始まる。それには、大学教授資格への請求論文と専門雑誌に論文を発表するなどの研究業績が大学教授になるために必要であった。大学教授への資格請求の手続きは、原則として候補者が助手に昇格し、大学での教育と研究業務に携わり、そこで演習や実習、それに特別講義などによって教育経験を身に付けることを前提としていたが、それとともに独力で研究を行い、その結果を発表して候補者が同じ専門の仲間内に知られることが重要であった。大学教授の資格試験に合格すると、候補者には私講師の肩書と大学の学部で講義を持つ資格が与えられた。それ以降は、すべて私講師が教師および研究者として専門の分野で名声を博するかどうかにかかっていた。その名声次第で総合大学あるいは工科大学の正教授として招かれるのであった。

この目的を目の前にして、ともかくもヘルツにとっては発表に値する研究で名を成すことが重要であった。ベルリン大学での受賞と優れた成績で博士号試験に合格したこと以外、彼には物理学者たちに強い印象を与えるものはまだ何もなかった。1880年2月の博士号試験の直後、彼は「再び、新しい研究に取りかかりました。朝九時から夜九時までヘルムホルツ教授の実験室で日々を過ごしています」と両親に知らせている。理論的な博士論文に次いで、今やまたしても実験を追求したい気分となった。しかし、すぐには新しいやりがいのある研究テーマを見つけることはできなかった。その上、彼には助手というポストさえ与えられていない以上、実験室では、彼自身ほかのメンバーと同じとは感じられなかった。このような状況では、大学教授の資格を取得することなどはとても考えられなかった。「研究への嫌気《いやき》と倦怠感《けんたいかん》」に襲われたのかも知れなかった。彼は「また、人と話をしていると少しばかり眠くなったり、話の最中に上の空になりかけたりと、精神的なものというより肉体的なもので、――この二つを分けることができればの話ですが――、そして私はこれと闘うよりはむしろ退却したいのです」。計画もなくやっている今の実験に、彼は「何の意味もありません」などと1880年7月にハンブルクへ知らせている。

一か月後、もっとも心待ちにしていた助手のポストをヘルムホルツから示されると、やっと憂鬱《ゆううつ》な気分から回復した(2)。助手には物理学研究所の敷地の一角に小さな住まいがあてがわれ、実験室にも近く社交上も都合がよかった。というのも、ヘルムホルツは同様に物理学研究所の敷地の中に住んでおり、近くに住んでいる自分の助手をしばしば茶会やほかの機会に自宅に招いたのであったが、そこで、「物理学の帝国宰相」の周りに集まるベルリンの上流社会の人々にも会うこととなったからである。このような招待の後で、「学者や芸術家、そしていつもは新聞紙上で読む多くの人々と間近で間接的に知り合いになることは、教えられたり、注意されたりするだけではなく、全く特別のもので、自分の虚栄心がくすぐられるものと全く違った歴史的な魅力であると申し上げたいです」と、ヘルツは両親に知らせている。同時に、彼はヘルムホルツが私的な会話では必ずしも「楽しい」人物ではないことを最初の招待で経験した。「ヘルムホルツ教授自身は非常にいい人ですが、思いますに、彼は話が上手な人ではなくあまりにもゆっくりとそして慎重に話をするため、実際に一言一言の言葉を聴く以外に少なくとも私には耳を澄ましても話を聞き取れません。それから、私が彼に対して私の意見を披露したくないようなときには、再び会話は中断します。彼との会話が特別楽しいものではなかったと前に述べましたが、会話が面白くなかったことを説明するためにくどくどと話をします」。

ヘルムホルツは自分の助手に「完全に好きに」させたことから、実験室でヘルツは気分がすごく良好であった。ここでの彼の義務は特に実習の指導で学生の面倒を見ることであった。彼は自分の実験をほかに優先させることはなかった。というのも、実験のいくつかをまだ自ら行っていなかったのと、学生に授業をすることについてどうしたらいいか不安な気持ちで迎えていたからである。しかしながら、数週間後には学生に対する授業に彼は楽しみを見い出した。「自分の仕事にますます慣れてきました。最近は考えられるあらゆる分野から多くのことを学んでいます。それが大きな喜びです。――中略――。また、教えることは学ぶためにとって本当に素晴らしい方法です」と1880年12月の初めに両親に書いた。教えることの喜びと共に新しい研究に取りかかる希望も再び大きくなった。「厳密に、一つ一つ順番通りに」実験に取り組む計画で、最初の研究について彼は物理学会で報告するつもりであったようであった。

ベルリン物理学会(3)は世界でもっとも古い物理学者の集まりの一つに数えられていた。同学会は1845年に創設された。1899年、この頃には物理学はもはや教師や大学の教授になるための機会を与えるだけのものではなくなっていた。ドイツでの物理学者の職能代表組合であるドイツ物理学会はベルリン物理学会を母体として生まれた。

1880年、ヘルツがベルリン物理学会に入会したときには、まだ創設時とほぼ同じで、学会は物理学を職業とするよりも使命と見なしたわずかな熱狂的な人々の団体であった。物理学会は――当然のことながら――ヘルムホルツを会長としていた。会員はお互いの研究成果を紹介するために二週間ごとに集まった。ヘルツのような若い参加者にとっては、名声の確立した物理学の第一人者に注目し

ベルリン市カッパーグラーベン7番地所在の「マグヌス・ハウス(4)」。ここで1845年、ハインリッヒ・グスタフ・マグヌス(5)が数人の同士と共にベルリン物理学会（のちのドイツ物理学会）を創設した。

てもらえる機会となった。しかし、次の会合(6)にヘルツがカバンの中に十分な講演原稿をもって臨《のぞ》んだときには、講演の後で直ちに両親に知らせたように、遺憾なことながら「キルヒホフ教授とヘルムホルツ教授のどちらも出席していなかったので、講演なんかやりたくなかったのです」。その集会のとき、ほかには誰も講演する人がいなかったので、彼は集まった物理学者に講演を行う責任があると感じたのであった。会合の終わりになってヘルムホルツが現れ、優秀な弟子の話を聞く機会を逃したことを知って、ヘルムホルツは遅れたことを残念がった。このことについてヘルツは次のように満足げに記している。「――略――」。思うに、ヘルムホルツ教授は本当に講演を聞きたかったのでしょう。今回、教師以上の競争相手でかつ教師以上に満足させることが難しい幾人かの若い同僚から全くもって嬉しいことを聞くことができました。その都度、何かあることについて講演できるテーマを持ち歩いていることに彼らは感心したようです」。

この講演でヘルツが述べた内容は、博士論文のように数理物理学をマスターしていることを改めて示し、電気と磁気には関係なかった。二つのビリヤードの球が衝突するときに生じる「弾性固体の接触」が問題であった。この衝突をスローモーションで観察できるとすれば、二つの球が共通の「衝突面」に沿って互いに接触した状態で「衝突時間」を計ることができる。ヘルツは衝突前の速度が球の半径と物質の硬度にどのように依存するかということをあらかじめ計算していた。直径五センチメートルの二つの鋼鉄の球が秒速一センチメートルの速度で衝突すると、衝突時間は１０００分の０・３８秒で円形の衝突面は０・２６ミリメートルの直径であることが見い出された。ヘルツが展開した理論はほかの異なる弾性固体間の接触、たとえば、いわゆる「ニュートン環[7]」として知られている回析現象につながるような、凹凸のない平坦なガラス板とレンズとが接触しているような場合にも適用が可能であった。

本質的には、この研究は数学の計算であったので、ヘルツは講演の直後に完成させた原稿を『純粋・応用数学雑誌』に投稿した。その編集者は自身数学者としては査読の資格がないと考え、批判的に検討してもらうために更に原稿を理論物理学者のキルヒホフに送った。キルヒホフは、講義で教えた方法をヘルツが用いなかったことにクレームをつけ、そして間違ったと考えられる誤りを指摘した。キルヒホフのクレームに譲歩するために、ヘルツは自分が取るべき振る舞いの正しさに納得していた。彼がキルヒホフの方法を調べ直すと、一つの間違いが判明した。最終的には、ヘルツは有名な専門雑誌に研究の発表ができたばかりか、ドイツの物理学者の中でヘルムホルツに次いで第二の実力者であるキルヒホフにとっては立派な研究者としての尊敬を手に入れることとなった。

「弾性固体の接触について」の事例計算が、単なる数理物理学的な遊びのように見えても、――ヘルツ自身が驚いたことに――、この理論は実務にとっても意味があることが判明した。「ちなみに、研究の応用はすぐに見つかりました」と1881年5月に両親に書き、測量業務に彼の計算式が役に立つことを両親に知らせた。底辺の長さを検定済みのスチール製の定規で測るには、二つの物体が正確で傾きがなくてぴったりと密に接触していることが重要である。測った際の測定精度を評価するために、今日、互いに接触している硬い物体の変形をエンジニアが表している「ヘルツの接触圧力(8)」の影響を知らなければならない。

理論と得られた結果が互いに密接に関係していることはヘルツに非常な満足感をもたらした。しかし、彼が応用の観点から研究のテーマを選んだことを意味していない。博士論文とベルリン物理学会での講演で理論家として認められたのであったが、今や実験物理学者となる素質もあることを示したかった。結局のところ「物理学の帝国宰相」の実験室では教授のポストをめぐってほかの人と競争することもなかったし、彼にとっては将来、論文を発表するための実験に実験室を利用することでしかなかった。おまけにヘルツはまだ電磁気についての初期の実験をいくつか未完成のまま残しており、その中からあれこれと発表することができたのであった。「一昨日、ヘルムホルツ教授の家に朝食に招かれました」と1881年3月17日に両親に書いている。その際、論文の発表も問題となったに違いなかった。というのも、その手紙は「今、ほとんど仕上がっていて、後はいくつか補足を付け加えるだけのささやかな研究を印刷に回そうとしています」という決意で終わっているからである。それでも本当の喜びは湧いてこなかった。1881年の夏学期の終わり、両親にここ数週間は「退屈した日々でしたが」、今は元気に回復しましたと打ち明けたうえで、彼は「再び研究に向かっています。あれこれと目途《めど》なく研究しています。しかし、結果に気を配ることもなく、またすばやく纏《まと》め上げなければならないということもなく、研究ができることが私に喜びをもたらしてくれます。だからこそ、自分で始めた研究や自分が関係するもので私に喜びをもたらしてくれる研究が、いずれ完成するものと確信しています」と知らせている。

ヘルムホルツのもとでの三年間の助手時代、キャリアにとって必要な論文を発表する重圧と自由に研究を行いたいという気持ちの狭間で揺れ動いていたヘルツが成し遂げたことは、広範かつ多彩なテーマにまたがっていた。大抵、彼は『物理学年報』に研究の成果を発表したが、その編集者はヘルムホルツの物理学研究所の物理学者には、「ご丁寧にもお送りいただきましてありがとうございます。

――中略――。遅滞なく論文を年報に掲載します」と一種の白紙委任で発表を認めていた。面白がって、ヘルツは両親に『物理学年報』に論文を送ると、すぐに編集者より「その論文を読み通すことはできませんでした」という返事が届き幸福感を味わったと、知らせた。当時の『物理学年報』を開いて、ヘルツの発表論文をたまたま目にした者は、その著者がその後すぐにセンセーショナルな実験で歴史的な偉業を成し遂げるといった印象は持たなかったであろう。ヘルムホルツの助手を務めていた時代の論文のタイトルは次の通りである。「動いている導体表面上の電気の分布について」（１８８１年）、「動いている電気の運動エネルギーの上限について」（１８８１年）、「真空中での液体、特に水銀の蒸発について」（１８８２年）、「飽和水銀蒸気の圧力について」（１８８２年）、「絶縁体及び残留物としてのベンゼンの振る舞い」（１８８３年）、「グロー放電についての研究」（１８８３年）。

ともかくも、これらの論文はヘルツを大学教授に近づかせる目的を達成したのであった。「グロー放電についての研究」は大学教授資格を請求するときの対象論文となるべきものであった。「夏に、私はそれによって大学の教授資格を得られるかもしれない研究を完成させました」と彼は１８８３年2月に両親に知らせた。計画に沿ってすべてがうまく運んだならば、夏学期に、彼は――予想し得たことであるが――大学教授の資格試験の手続きを通過し、その後は私講師としていずれかの総合大学あるいは高等工業学校で正教授が亡くなるか、員外教授の配置換えによってポストが空くまで辛抱強く待つこととなるはずである。新規ポストの補充を委託された招聘委員会はヘルツの名前を遅かれ早かれ待機者のリストに載せ、権限を有する文部省はそのリストの中から新たに物理学の正教授を選出することになるであろう。いつかはヘルツにも順番が回ってくるであろうが、それをじっと待つことは心理的な試練となったはずである。ヘルムホルツとキルヒホフの周辺には、すでにそのような待機状態にある私講師が数多くいた。ベルリン大学ではヘルツはこのような多くの中の一人であったが、「ここには、こんなにも多くの私講師がいて、その中で大学の教授資格を得なければならないというのは不愉快なことです」と1883年3月1日にハンブルクに書き送っている。

彼は重要な決断をする際には、父親に助言を求めるのが常であったが、今や決断が目前に待ち構えていた。「一昨日の朝、枢密顧問官[9]のキルヒホフ教授が講義の後に私のところにやって来て、キール大学[10]で数理物理学の私講師が教授資格を得ることと、私講師の奨学基金より五百ターレル[11]の報酬が私講師に認められることを希望しているようで、適当な人はいないかと文部省からキルヒホフ教授とヴァイアシュトラス教授[12]が尋ねられたと言いました。彼らは私を適任者と考えたようです。いずれにせよ、詳細はヴァイアシュトラス教授――恐らくドイツ最高の数学者――に問い合わせて欲しいということでした」。

ベルリン大学の私講師の待機者リストを一目見ただけで問題が解決するように見えたが、ヘルツはヴァイアシュトラスからいくつか問題があったことを聞かされた。「キール大学の学部は私講師ではなく数理物理学の員外教授を希望したのです。文部省は予算不足のためすぐには、この希望を認めることができない。代わりに私講師がキール大学で大学教授資格を取得することとなれば歓迎する。この私講師に奨学金を給付し、暗黙の了解として彼に員外教授への継承権を認め二年程で員外教授になることも可能ではないかという話でした」。しかし、ヴァイアシュトラスはキール大学の学部は望んでいた教授職が文部省から拒否された怒りから、教授の代わりに私講師という解決案を拒否することは十分にあり得るという意趣返《いしゅがえ》しについて話した。その後でヘルツがヘルムホルツと話をしたところ、ヘルムホルツはヘルツに忠告して思いとどまらせようとはしなかったものの、ヘルムホルツがキール大学の物理学の正教授[13]と「かなり対立」した状態にあり、自分の推薦状はキール大学でほとんど役に立たないだろうと打ち明けた。結局ヘルツは悲しいけれど、実験ができる可能性の点で十分な設備を備えているヘルムホルツの物理学研究所に背を向けて、キール大学の本当につつましい環境に我慢しなければならないという考えに至った。「自分が馴れ親しんでいる大きな世界から恐らく非常に小さな世界に順応しなければならなくなるでしょう」と彼は両親に知らせた。

その後、すぐにヘルツはキール[14]へと旅立ち、彼を待ち受けている印象を確かめようとした。キール大学での対応は非常に友好的で、彼はすぐに疑念に打ち克って申し入れを受け入れた[15]。夏学期の始めから、すぐにでもキール大学で教授の資格を取得する手続きを進めるためには授業に間に合うように急がなければならなかった。彼は数理物理学の分野を担当することから、最後に着手した「グロー放電[16]」についての実験研究を大学教授の資格請求論文として仕上げようとした目論見《もくろみ》は外れてしまった。その代わり、理論的な論文である「弾性固体の接触について」がこの目的のために受理された。口頭試問（コロキウム）で大学の教授資格試験が終了したが、口頭試問はすでに儀式化しており、ヘルツはその場では受験者としてというよりも新たな同僚と見なされた。ヘルツは単に儀式であることを知っていたので、両親に報告しているように、彼は「全く心配していませんでした。しかし、銃に弾がこめられてないことを百回知っていたとしても、誰かが一発照準を合わせたならば、その一発はやはり不愉快になります」と述べている。キール大学の物理学の正教授、カールステンはそのようなことをすれば、ヘルツをヘルムホルツ派と見なさなければならなくなることから、ベルリン大学の物理学者との「対立」を素振りにも見せなかった。新しい上司について、ヘルツは「彼はずっと親愛の情を示すことはありませんでした」と知らせた。口頭試問は概して「中身のない形式的な話」であった。「それから、私はしばらく退室し、再び呼び戻されたその場で、出席していたすべての教授から大変親切な祝辞をもらいました」。キャリアの第一歩を踏み出した後も気分が高揚した形跡はない。1883年5月2日のキール大学での教授資格試験について、ヘルツは「翌朝、私は講義の開講を予告できますが誰が登録するかどうかが問題です」と冷静な報告をどちらかといえば不安な言葉で締めくくっている。

なりたての私講師としてヘルツは真の使命と見なしていたものにかなり近づいた。しかし、私講師の奨学金だけでは大学の教師として社会的に身分相応な生活を送るのに十分でなかったため、彼はまだ経済的に完全には自立できず、ハンブルクの実家からの送金に頼っていた。数理物理学の分野を担当しなければならなかったので、実験の可能性からは完全に排除された。しかし、今や彼は大学の教授団に属しており、学生に物理学のテーマを理解させねばならなかったことから、講義の準備を通じて、彼自身物理学の知識をより深くかつ広く習得できた。「最近は、新しい立場に非常に満足していますす」とキール大学での最初の経験をハンブルクに報告した。確かに、力学的な熱理論についての最初の講義の聴講生は片手で数えられるほど少なかったが、もし彼らが講義から逃げ出さなければ、彼は「講義を喜んで行い、自分も勉強し、聴講生も勉強できることを期待した。ベルリン大学にいたときよりも、自分の研究にとって限りなく多くの時間と静寂があり、ベルリン大学では深く考えることがほとんどできなかったが、ここでは少なくともこれまでは一日の大半でゆっくり考えることができ、特に静寂さについては、大変有益です」。

1883年の夏はドイツの北部でさえも異常に暑く、多くの学生は講義に出席するよりもバルト海に泳ぎに行くことを優先した。「先週の講義では二度、三度と出席者は二人になり少なからず憂鬱《ゆううつ》でしたが、気温が下がるとともに出席者がすぐに四人になったので自分の責任はいくらか軽くなりました」。しかし、それ以外は「引き続き元気でやっています」とヘルツは両親に報告している。

次の学期末の休暇中に、彼は多くの軍事訓練の中の一つを修了し、「一年の志願兵」からゆっくりではあったが予備役将校に昇進した。彼が冬学期のために準備した電気理論の実現は遠のいた。彼にはめったにない思い上がった調子で、「電気理論の講義があまりにも縁遠くなったので、「全く馬鹿げたことに何の目的があるのか」といった将校らしい質問に同意したくなるほどです。講義の準備をしなければならないということが再び自分を現実の問題に連れ戻すことでしょう。軍事演習で私の健康はすこぶる良くなり、過去一年間、これほど気分が良かったことはなく、身体の調子は最高です」と両親に知らせている。

# 第六章　キール大学での私講師

1883〜84年の冬学期に向けて、ハインリッヒ・ヘルツは実験を伴う電気理論の講義を計画し、また自分のために小さな実験室を設《しつら》えた。「近頃は機械屋になったのも同然です。自分にとって必要と思われる工具や、常に傍《そば》に置いておくべき数えきれない小物の一部を自分で作りました。また、講義に使ういくつかの小物と研究用に電位計を作りましたが、この電位計が役に立つことを願っています」と学期が始まる少し前に両親に知らせている。ヘルツは実験器具をベルリン大学に残してきたことを本当に悔やんだ。「何よりも至る所に物がありません。ここキール大学ではあらゆるものが不足し、白金線に適した小片やガラス管を作るのにどのくらいの時間が必要かは神のみが知るところです」とも知らせている(1)。

それでも彼が電気理論の講義を始めたところ、うれしいことに夏学期に比べて聴講する学生の数が倍以上になった。最初の講義に九名、そして第二回目の講義では十一名の学生が出席したのであった。加えて、彼は医学部の学生のために物理学の講義を受け持ち、講義室は「最後の席まで一杯で恐らく

(上)：1893年時のキールのクリスチャン・アルブレヒト大学の本館。ここでハインリッヒ・ヘルツは 1883年の夏学期から 1884〜85年の冬学期まで数理物理学の私講師として勤務した。
(下)：1884年、ハインリッヒ・ヘルツ（左より 3人目)、キール大学私講師の同僚と一緒に[2]。

五十名の聴講生がいたに違いありません。ここでは全体で約三百人の学生しかいないので非常にうれしいことです。もっとも学期末にどれほどの人数になっているかが気懸《きがか》りです。とは言っても私にとってはさし当たり喜ばしいことで、時間をもっと講義の準備に充《あ》てたいものです」と両親に書いている。

しかし、学期が進むにつれて興奮が冷めていった。「いろんな点で本当に不満です。私自身の研究が全くもって進まないし、講義にも不満です」とクリスマスの二週間前に両親に書いている。それとも、彼の気分を憂鬱《ゆううつ》にさせたのはどんよりとした冬の天気のせいであったのかも知れなかった。「降りしきる雨、雪と氷、滑《ぬめ》り込むような道路のぬかるみ、霧、洪水、昼食に行く道すがらでの日の出、コーヒータイム時の日没、夏に訪ねた場所からの完全な隔離、これらはおおよそ自然の雰囲気というものなのでしょうが、雰囲気に負けないように頭を働かせています」とも報告している。講義へのやる気を台無しにしていたのは学生達の理解不足であった。「学生諸君、あなた方は私の言っていることが理解できないようだが、そうであれば講義は退屈極まりないはずです、むしろ、千夜一夜物語(3)から何かを話しましょうかと言うべきであろうか。それがそれほど馬鹿げたものではないにしても学生諸君はそうはしてもらいたくないはずです」。

ベルリン大学を去って半年が経ったにもかかわらず、彼は特別の誇りを持って示し得るような自分自身の研究テーマは何もなかった。数理物理学を研究するのにふさわしい人物をキール大学の学部が雇い入れたことを認めさせるために、彼は『数理物理学雑誌』に「弾性円柱における圧力分布について」という論文を発表した。最初の論文である「弾性固体の接触について」でもそうであったが、弾性理論では、力学をマスターしていることが重要であったため、この分野の研究が再び彼を虜《とりこ》にしたのであった。それは、たとえば空間の質点の運動に関する天体力学とは異なり、相互に結合している物体の変形を扱うものであった。流体力学は流体を、弾性理論は固体を扱う。双方のいわゆる連続力学の構築においては、物理学との結びつきでヘルムホルツ、キルヒホフ、ヘルツらの研究者によって導き出されて開花した数学の一分野である偏微分方程式で扱うことができるようになった。

1883年2月、ヘルツがまだベルリン大学にいたとき、ほとんど取り付かれたと言っていいほど、連続力学の問題が頭から離れなかった。「私にとってこの問題は特別ですが、本質的にはそれほど重要でもないので、私は一週間かけて忘れようと格闘しました」と両親に知らせている。「人がその上に乗って、浮遊している氷板のバランス」が問題であることを詳しく述べたうえで、恐らく、その問題から彼は解放されたかったのであろう。

氷の板は、むろん多少たわみますが、どのような形をとるのか、正確にはどの程度沈むのかなどが問題でした。全く矛盾した結果となります。まず、第一に乗っている人の下にへこみが生じ、その後、時間をおいて氷の円状の隆起ができ、そしてそのあと再びへこみが生じるといったことが繰り返され、へこみと隆起があまりにも速くなくなるので気付きませんが、心の眼には無数のものが見えます。もっと矛盾しているのは、ある条件下で水より重く、そうであれば当然水の中に沈んでしまうような円板を水の上に置き、円板の上に錘《おもり》を置くと浮遊し、錘を取り除くと沈むということです。その答えは、錘を乗せた円板はボートの形になって錘と円板を支えるが、錘を徐々に取り除いていくと、円板は一層、平たく平たくなって行き、最後にボートの形があまりにもに平たくなってしまい、残りの錘と一緒に沈む瞬間が最後にやってくるという訳です。これが理論による結果であり、自分ではそのように納得していますが、それでも計算の間違いは排除されません。

論文に仕上げるまでにはかなりの時間がかかったが、キール大学でも同じように浮遊板の問題が彼の頭から離れなかった。「弾性板の実験に再び着手」と1884年3月14日の日記に見られる。それからしばらくして、彼は『物理学年報』に原稿を提出し、「浮遊弾性板のバランスについて」というタイトルで、それはすぐに論文として公表された。

日記には、ヘルツがキール大学でやろうとして結果を発表するに至らなかった多くの異なった連続力学のテーマが記されている。1884年1月4日には、「流体運動の不安定性」と書き留めている。それは安定した――薄い層流の――液体の流れの状態が乱れたときの変化を計算する流体力学の問題を意味していたが、この問題は百年後でも最高の理論家の頭を悩ませ、今日に至っても特定の流れの場合のみに解答が示されているにすぎない。1月10日の日記の欄には「流体力学の問題に取り組んだ」とあるが、その一日後には、「流体力学の問題を断念した」とある。ただ、1月14日には「小さな検電計を製作した」、またそれから数日して、「改良した目盛りのついた検電計を客観的な観察用として用意した。夕方、この検電計で誘導実験を行った」と記し、その二日後に、彼は「検電計が完成した」と書いてあり、1月19日には「電気力学の実験を考えた」とあるように、ヘルツは実験的な才能を自覚することによって明らかに理論の失敗から立ち直った。

キール大学時代のヘルツはテーマと問題を一杯抱えており、その中から、数年後に彼を世界的に有名にする偉大な発見を生み出すような研究分野を見つけるのは容易なことではない。たとえば、1884年1月29日の日記に、彼は「光の電磁理論を熟考する」と書き留めているが、そこには目に見えない電磁波が存在するかもしれないとの考えの兆《きざ》しすら現れていない。というのも「液体での偏光面の分散と回転」という補足資料では、彼は単に光学的な現象しか考慮に入れておらず、そしてそれをどちらかといえば突飛《とっぴ》なことと考え、はっきりした研究計画も立てていなかった。その数日後、彼は全く違った問題に取り組んでいた。「気泡の上昇速度からどのようにして表面摩擦を推定するかを考え実験する」（1月31日）、「液体球の中での他の液体球の浮上を観察」（2月2日）、「落下雨滴に関し、その内部運動と二次的構造」（2月4日）、「講義室には誰もいない。非常に意気消沈。夕方、自然科学協会で独楽《こま》の実験」（2月5日）。これらが文字通り、1883～84年の冬学期の一週間に彼が取り組んだものであった。

次の夏学期、ヘルツは研究への衝動を成り行きのままに任せた結果、同僚から刺激を受けて、生物の問題さえも自分のレパートリーの中に取り入れた。「午前中、私にいろいろな植物の標本を見せてくれるローデバルト博士のところで、植物の中の水の移動について議論を戦わせた」と5月23日に書き留めている。翌日、彼は図書館でブラウン運動(4)についての文献を探した。彼は自らブラウン運動を観察するために同僚の生物学教授(5)から顕微鏡を借りた。顕微鏡の接眼レンズを通して、目では見えない物を見る誘惑は何日間も彼を虜《とりこ》にし、1884年5月30日の日記には「八重葎（ヤエムグラ）の細毛で原形質流を顕微鏡で観察した」と書き留めている。それでも、この夏、ヘルツは常軌《じょうき》を逸したように研究への衝動に駆られたにもかかわらず、彼は「物質の構造」と名付けた一つのテーマに戻った。彼は自分で信じたように、このテーマを一般に理解しやすい講義内容とした。とはいえ、学生からの反応はあまり芳《かんば》しくなかった。というのも、講義も四週目を過ぎた後、日記に「5月28日、「物質の構造」にとりかかったが、講義ではまともな反応はなかった」と彼は書き留めていたからである。

没後百年以上が経って、初めて公刊されたヘルツ自身の言葉による講義録の抜粋を再録することは意味がある。というのも、ヘルツにとって「物質の構造」に関する疑問がどのようなものであったかが、今日、我々が原子について当然と思えるような知見によって、誤解することなく講義録からわか

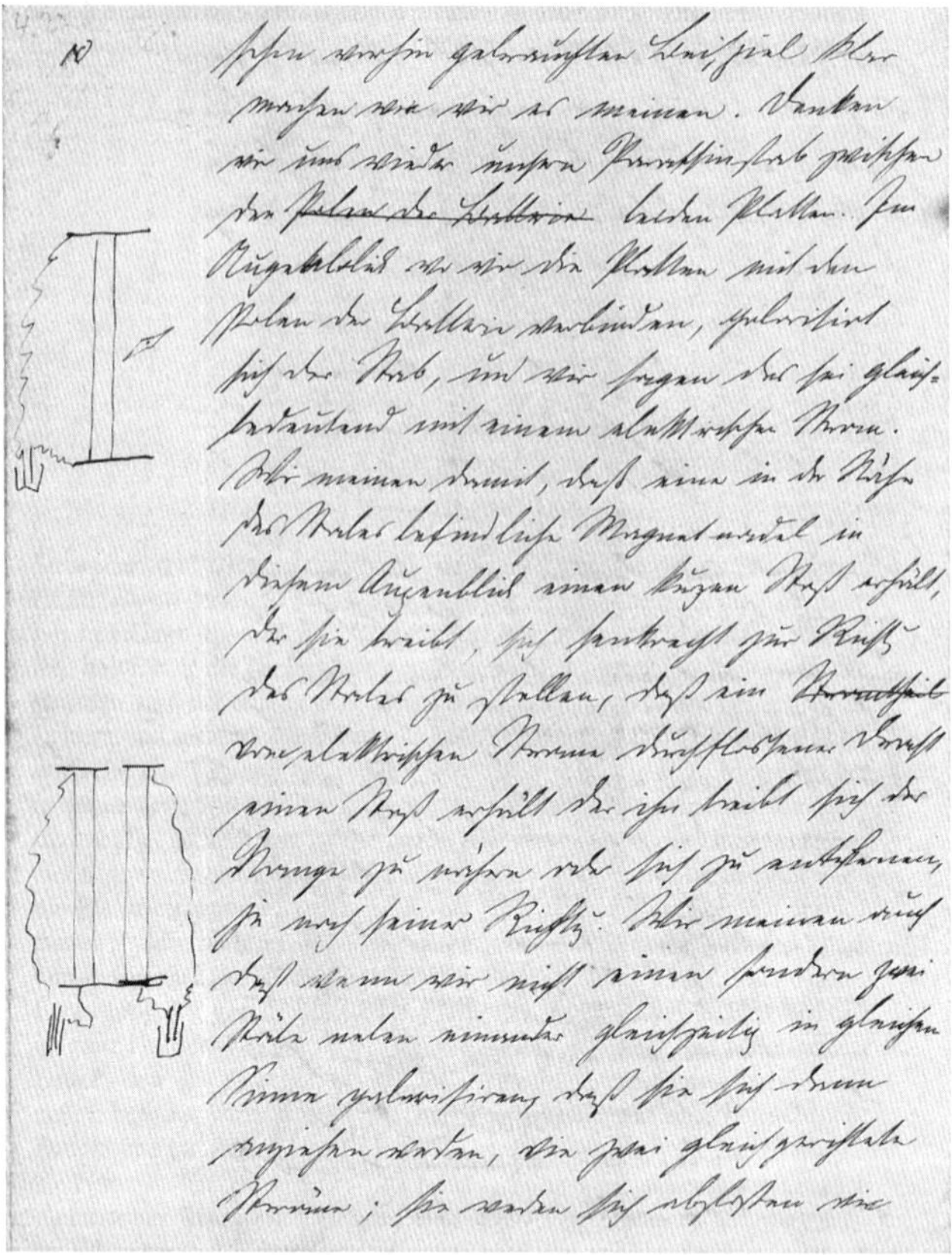

「物質の構造」と題する講義原稿の1ページ(6)。ハインリッヒ・ヘルツは、この原稿を使って、その時代の物理学の基本問題を、物理学をあらかじめ習っていない学生が理解できるように、できるだけわかりやすくて数式を使わずに講義を行った。ここに再録したページでは、絶縁体での電磁作用についての思考実験が述べられている(7)。

るからである。そのうえ、我々にとって探求心あふれる物理学者としてのみならず、深遠な思想家としてのヘルツに初めて出会えるのである。キール大学の学生が彼の講義に聞く耳を持たなかったとはいえ、一般にもわかりやすく伝えようとした努力は、彼が専門の物理学者の枠を越えて影響を及ぼそうとしたことを示すものである。彼にとって何が疑問であったのか。物質が原子から成り立っているかどうかということは、すでに古代において投げかけられた疑問であった。(8) ヘルツはこの疑問を新たに問い直し、原子の構造そのものではなく、原子に関する知見を研究の対象とした。論理的に考えると、何か不可分のものからなっていることは根本的に馬鹿げたことと見なされていた。というのも、少なくとも観念的には、どんなに小さな物質の塊《かたまり》も更に細分化できると考えられていたからである。「たとえば、厳密な本来の意味で原子の直径について語ることが許されないのであれば」と、ヘルツはこの議論に「ある特定の気体に対して原子の直径と呼ぶことには意味があるであろう。それは長さであり、その長さを使って気体の熱伝導度、その内部摩擦、誘電率それに光の屈折能との間の関係を作ることができる」と結びつけた。こうしてヘルツは原子について知ることができ、それによって物理学的にも実際上でも計量できることを同一視した。

十九世紀では物質の原子構造の問題は未解決のままであった。(9) それゆえ、ヘルツが原子構造について自分の考えを示したことは極めて啓発的であった。原子の直径の概念に、具体的かつ物理学的な関連性を確立したように、彼は原子の持つ違う特性にもアプローチした。原子が光の波の発生源であるとしたら、ヘルツの見解ではそれは振動する物質でなければならなかった。光のスペクトル分析から、高温の気体が全く異なった周波数の振動を起こす能力があると推定できる。「したがって、原子の内部でも、非常に多くのお互いに運動する質量とそれに対応する力が存在するに違いない」。その結果、原子自体を硬い球として扱えるだけでなく、原子の複雑な内部構造を「多数の惑星が調和のとれた運動をしている惑星系」と比較できるに違いない。古代エジプトの象形文字の解読が成功できたのに、どうして原子の中の原子振動を解明できないことがあろうかと、彼は学生に予言している。「この法則を理解することで振動を引き起こす原因について一番確実な回答を手に入れることができるであろう」。

ヘルツは常に物質の本質は何かということと、物理学者が物質について考えている概念とを明確に区別した。彼は「記号」とそれが「表示するもの」の違いをポストモダンの記号論者が説明するように行った。

物事に対する関係をわかりやすく整理するため、物質の概念を紙幣と比較してみましょう。紙幣は何かほかのものに対する記号であり、記号であるがために価値と意味がある。それ自身が持つ形状は重要ではなく、紙幣のあちこちに傷があろうと赤または緑の色に印刷されていようと、あるいは大きかろうが小さかろうがどちらでもよいのです。同様に、物質の概念はほかの何かについての記号です。——中略——。物質の概念で本質的なことは、物質の概念を認識することが私の感覚に根拠を与えるとともに、私は物質の概念をいつでも私の感覚に再転換できるということです。(10)

十九世紀の物理学者にとって、物質は二種類あった。一つは空気、鉱物そして水のような気体、固体あるいは液体の状態にある通常の物質、そして二つ目はエーテル、それはすべてを透過する目に見えない原物質で光の媒質として働き、それによって光が伝播することで人が注目するものである。この不思議な物質の挙動は連続力学の偏微分方程式で数学的に記述できるが、その方法は流体力学者が水の動きを、また音響学者が空気中での音の伝播を記述するやり方と同じである。その際、波は二種類に区分される。一つは音波のように波の動きが伝播方向への往復で生じる場合であり、二つ目は波の動きが伝播方向に対して垂直方向に生じる場合である。——たとえば、縄の端が突然、上下に運動することで生じる縄の波を考えてみればよい——。このタイプの波は横波と呼ばれる。弾性理論ではこの横波はよく知られた現象で、そのため、エーテルは透明で弾性固体の一種と考えられた。また、いろいろな電気的あるいは磁気的な現象はエーテルが役割を演じるかも知れないということで、不確実な領域に入り込むこととなった。電磁気学では、エーテルに流体媒質としての性質も認めさせる必要があったはずである。それゆえ、特に十九世紀の流体力学と弾性理論は水の流れや平板の振動を記述する物理学の一分野以上のものであった。そのため、ヘルツが「物質の構造」の講義にもエーテルについ て二、三の考察を費やしたのも不思議ではない。

宇宙空間を経由して太陽から地球に到達する光の波を見ることができることから、「この空間には波を動かす何かが存在しなければならない。そしてそれをエーテルと名付けることができる」。これによって、ヘルツは遠隔作用理論の支持を明確に否定した。というのも、エーテルの振動で光が伝播するのであれば、この振動を引き起こす力の伝播についての問題も決着したからである。エーテルの中で空間を隔てて隣接した地点間の近接作用では、何ら神秘的な「空間を飛ぶ遠隔力」が問題にはならなかった。しかし、エーテルは太陽の周りの軌道にある惑星に何も妨害をしないことから、非常に稀な性質を持っていなければならなかった。

ヘルツならびにヘルツが尊敬する電磁気学の創始者ファラデーとマクスウェルにとって、エーテルが電気的、磁気的な現象の媒質としても機能していなければならなかった。というのも、マクスウェルが導出した方程式から振動がまさに光速度で伝播するということが明らかとなったからである。これは全く偶然ではない。これ以降、光の現象は電磁場現象の領域に属することとなった。では、電気力学での電磁場現象と光学における光の現象は同じであり、そして同じ一つの媒質に由来するとすればどうなるであろう、ヘルツは「物質の構造」に関する講義でさらに議論を展開している。この媒質中での波の伝播という現象をあたかも、二つの言い方で説明したに違いない。

一方では電気力学があり、電気力学では「真空中で、電気的な横波は毎秒三十万キロメートルのもの凄い速度で伝播するに違いないと考える。残念ながら、私はこの波を確認することができない。確認することができれば、その波は私の考えの正しさを証明し、そしてまた注目すべきものとなろう」。他方には光学があり、光学では「ここに毎秒三十万キロメートルの速さで伝播する横波があるとしても、残念ながら、横波の発生のみならず、その速度が生じることについても想像できない」。これら両方の理論を一方に偏《かた》よることなくお互いを結びつけ、相互に結びつけば、たとえば、電気力学に対し、「ともかく、光の波を求めているものとして受け入れさえすれば、波は同じ速度で、同じ法則に従って伝播するので、この波の存在は考え方が正しいことの証明になる」。そして、光学に対しては、「研究して、伝播する波については弾性理論よりも電気力学を持ってくれれば、直面している問題が前に進み、今となってはエーテルの性質は目にする固体の性質と著しく矛盾するわけではない」。このようなやり方で両者は互いに助け合えるであろう(11)。

ヘルツによって数年後に行われた電磁波発生の実験を知っていると、講義でのこのような発言は彼の発見を先取りしているようにもとれる。講義と並行してヘルツはマクスウェルの電気力学に徹底的に取り組んだのは偶然ではない。

1884年の夏学期の間、彼の日記には「物質の構造」と「電気力学」の書き出しが交互に見られる。5月13日には、彼は「もっぱら電気力学に専念」し、5月16日には「一日中、電気力学を勉強」と書かれている。再び三日後には「朝、電気力学の問題がうまく解けた」と喜びの声が見られる。5月30日には、彼は「電気力学の論文を書き始める」と書き留めている。しかし、「1884年6月」の日付けで『物理学年報』に発表したものは、その後やり直したことから見て満足の行くものではなかった。

次のような一連の日記の書き出しはヘルツが最終的には打ちひしがれて諦めたことを示している。「電気力学を思案」(7月3日)、「電気力学、成果なし」(7月4日)、「講義と電気力学とを半々」(7月8日)、「ほぼ、電気力学を思案」(7月11日)、「電気力学のみをやる」(7月14日)、「気分がすぐれず、何も手を付けられない」(7月17日)。

その後、彼はほかの問題に関心を向けようとした。それでも次の冬学期で、彼は再び自分本来の問題に立ち戻った。かくして「不安なまま電気力学を思索」(10月20日)、「再び電気力学に向かう」(10月24日)、「電気力学を思索」(10月25日)と日記にあるように、明らかに実りのない思索の新しい段階が始まった。その後、わずか4日後の日記には「非常に気分が悪い」と記されている。その後、電気力学の問題については、彼は何か月にわたり完全に興味をなくしてしまった。

「電気力学の問題」で何が問題になっていたかは、すでに『物理学年報』への彼の論文「マクスウェルの電気力学方程式とそれへの反対者の電気力学方程式との関係について」という表題から明らかである。言い換えれば、すでにヘルムホルツが懸賞問題で設定したテーマと同様、電気力学はファラデーとマクスウェルのように近接作用の理論で解釈できるのか、あるいはニュートン力学[12]のように遠隔作用理論として解釈するのかという問題であった。「物質の構造」の講義で、ヘルツはすでにはっきりと近接作用に決めていた。今や、彼にとっての問題は近接作用に基づいた場の理論の考え方で説得力のある説明ができるかどうかであった。「ファラデーの見解によれば、電場は独立し空間に存在するものの、電気の発生方法とは無関係である。まさに電場を生じさせるきっかけでもあるのは作用であり、同一のものに働きかけるので、この作用は常に変わらない」。

これに対抗している「反対者の電気力学」では、その提唱者によって電気力学的な作用は「電気的な粒子から出る遠隔力」の結果であるとした。電気的な力と磁気的な力の対称性を考慮して、ヘルツはマクスウェル方程式を異なった表現で導出し「磁気力と電気力は相互に交換可能である」と主張した。この結果は、5月19日の日記で「朝、電気力学の問題がうまく解けた」と記しているように、彼に確固とした高揚感をもたらした。電気的な力と磁気的な力の性質が同じであるという電気力学上の基本定理については、遠隔作用理論の提唱者自身すらも問題としていなかったことから、提唱者がこの定理に対して異なった意見を持たなければ、結果はマクスウェルの見解に有利であった。もっとも、このとき、あとで目にするようになる冷静さで、このことは近接作用を支持する厳密な証明ではないことをヘルツは認めた。明らかなことは電気的な力と磁気的な力の対称性について、遠隔作用理論の支持者が同じように説得力のある証明に今まで成功していなかったことである。「直接的な遠隔作用に基づいた閉回路の電気力学的な作用体系は、現状のままでは明らかに不完全である。一方、マクスウェルの体系は、同じやり方でそのような不完全性を示すことはない」とヘルツは近接作用理論への反対論者を咎《とが》めた。

言い換えれば、ヘルツは「電気力学の問題」をファラデーとマクスウェルの場の理論で急いで決着することはせず、いくつかの利点を補足しながら、反対者が唱える遠隔作用の解釈と比較して場の理論を、よりわかりやすく表現した。それにもかかわらず、1885年4月にヘルツの後任としてキール大学に赴任したマックス・プランクは、ヘルツの1884年6月の『物理学会年報』への投稿論文について、「この分野での彼の晩年の研究に決してひけを取らず、かつ同列に並び立つような第一級の理論的な業績である」と評価した。(13) ヘルツが、「物質の構造」について同じ年に書き残した講義の原稿もプランクの称賛を博した。「この講義には非常に多くの含蓄に溢《あふ》れ、かつ美しく組み立てられた考えが含まれているので、その刊行を切に望むところである」とプランクに言わしめた。

原稿が再発見されて、刊行されるまでに、なぜ百年以上も要したのかということは二十世紀に至る時期に、本の内容が時代遅れと見なされるほど、物理学が急速に発展したことと関係があった。恐らく、講義の原稿から一冊の本を作ることに彼が思いを描いたとき、その計画が実現されないことをヘルツ自身がうすうす感じていたに違いない。「電気力学の問題」の場合と同様に、「物質の構造」の問題においても歓喜と落胆がほぼ一緒に見られた。それに加えて、ヘルツはときどき抑鬱症の瀬戸際まで追い込まれた激しい自己批判に陥った。

# 第七章　仕事、生活、変化への憧れ

ハインリッヒ・ヘルツから物事を考えたり、本を書いたりする暇がなくなったのには、ほかの理由もあった。というのは、1884〜85年の冬学期の終了とともに、大学の教授資格試験を受けるため、二年前にキール大学にくるきっかけとなった私講師に賦与《ふよ》されていた奨学金が終わったからであった。キール大学にくるとき、奨学金が終わった後で、彼は員外教授の地位を手にできるかも知れないと言う見通しがあったものの、プロイセン議会の承認が必要で、それまで待たなければならなかった。「教授職のための予算が組み込まれるかどうかは、大蔵大臣とプロイセン議会の意向次第のようです」と1884年12月初めに、ハンブルクの両親に報告している。もし本当に予算が組み込まれた場合には、キール大学の学部は彼を「唯一の候補者として推薦」することを保証していた。この見通しのない難癖《なんくせ》には本当にうんざりしたが、ヘルツには物事が進展することを待つ以外の術《すべ》はなかった。難しいことに、員外教授は理論物理学の分野という条件が付け加えられていた。自分で実験を行うということについて、——それは彼が絶対に諦めることができなかったが——、彼はキール大

1885年、ハインリッヒ・ヘルツはカールスルーエ高等工業学校の教授になった。同年、同校は工科大学に改称された。

学の物理学の正教授の好意に頼るより以外になかったのであった。正教授は彼が実験室で研究できる可能性を「好意的に認めた」が、ヘルツは正教授の好意のみに頼って「それほど大きな器具もない実験室で、それも器具の使用が制限された状態で」、必要以上に我慢することは、自分の沽券《こけん》にかかわると考えた。彼は両親に対して「不満と不平」で苦しんでいるようす、そしてそもそも「仕事、生活そして変化への憧れ」を感じていることを隠し立てできなかった。

そのころ、待ちに待った変化がすぐに起きることに、彼は大きな望みを持ったようである。彼がカールスルーエ(1)の高等工業学校の教授として注目されていることを、同僚が彼に打ち明けた。彼にとって、最初はただ噂として耳に入ったことであったが、すぐに本当であることが確認された。カールスルーエ高等工業学校(2)では、後に「ブラウン管」の発明者として有名になるフェルディナンド・ブラウン(3)の後継者《こうけいしゃ》を探していた。1885年、ブラウンはまだ自分のキャリアを始めたばかりであった。

高等工業学校の教授は大学における教授のようには高く見られていなかったものの、暫定的な解決策として技術者、また野心的な大学の物理学者にとって高等工業学校の施設は悪くなかった。ブラウンはテュービンゲン大学[4]に招聘《しょうへい》されるまで、カールスルーエ高等工業学校にわずか二年間しかいなかった。後継者を探すにあたって、ドイツの指導的な物理学者としてのヘルムホルツに候補者の依頼がなされ、彼は特にふさわしい候補者としてかつての助手、ヘルツの名前をあげた。その結果、ヘルツは選考者リストの二番手に推された。

一番手に推された者は同じヘルムホルツの弟子であったが、彼はある大学の教授の地位を望んだため、カールスルーエ高等工業学校からの招聘を拒否した。これによって、ヘルツにとっての道が拓いた。「夕方、カールスルーエ高等工業学校からの招聘の手紙を受理」と彼は1884年12月20日の日記に書いている。彼は現地を調査するため、まず、カールスルーエに旅立ち、それからベルリンに向かった。プロイセンの文部省でバーデン大公国[5]への配置換えの可能性について話し合った。恐らく、この話し合いで彼にはキール大学の員外教授が最適で、かつ確かであることが保証されたのであろう。というのも、大学での地位を優先して一番手に推された者と同様に、キール大学の員外教授の地位にしばらくの間我慢することになったとしても、カールスルーエ高等工業学校からの招聘をキャンセルしようとヘルツは決心した。12月28日付けの日記には「カールスルーエ高等工業学校に対してひどい嫌悪感」と書き込んでいる。しかし、最終的に断る前に詳しいようすを見てみようと、同じ日にもう一度カールスルーエに出かけた。彼はカールスルーエ高等工業学校については、ありのままのようすがブラウンから聞けるものと期待したが残念なことに、すでに彼はテュービンゲン大学に赴任した後であった。しかし、気持ちがぐらついている候補者を研究所は喜んで案内してくれ、彼は実験物理学者として実験を行える可能性について見学することができたことで、キール大学の員外教授の魅力が再び半減したように思われた。実験室を入念に見学した後での日記の見出しは「カールスルーエ高等工業学校への期待膨らむ」であった。同じ日、彼はバーデン大公国の文部省に再び出かけると、身の処し方をすぐに決めるように急《せ》き立てられた。彼は波乱の多かった１８８４年12月29日の日記の最後に「夕方、最後通告を確かに受領」と書いた。

カールスルーエ高等工業学校の教授職を受諾することに決めても、「仕事、生活そして変化への憧れ」は収まることはなかった。[6] 教授への道が確保されたとはいえ、キール大学での最後の学期中、ヘルツを苦しめた精神的な危機意識はむしろ強くなったかのようであった。１８８５年はいずれにせよ、カールスルーエ工科大学の物理学の教授になったばかりのヘルツにとって「不満と苛《いら》立《だ》ち」の終わりを意味しなかっただけではなく、彼を精神的な挫《ざ》折《せつ》の淵にまで追い込んだ年でもあった。キール大学での最後の一か月間、それまで経験したことのないほど、彼は「気分が滅入り、神に見捨てられた」ように感じた。キールで過ごした年月は、振り返って見れば、彼にとってまだ「過渡期」でしかなかったように思えた。彼にはカールスルーエ高等工業学校で教授職を得る見通しでさえも、待ち望んでいたかのような喜びで満たされるようなものではなかった。「――中略――。そして今、私は過渡期の中の過渡期にいます。とても突拍子もないことを考えているので、大いなる幸せは感じません」と1885年2月にハンブルクに知らせている。

その後、すぐにカールスルーエ工科大学で新しい職に就くと、彼の内的な不安が学問上のキャリアについての不安からではなく、幸せな結婚への憧れが満たされていないことからきていることがたちまち明らかになった。キール大学ではほんの短期間ではあるが、ヘルツが恋をしていたように見えた。しかし、日記にそれらしいことをほのめかしている以外はわからない(7)。普段、両親を自分の気持ちの浮き沈みに同情させようとしているにもかかわらず、明らかにうまく行かなかった恋愛関係を、彼はハンブルクへの手紙には認《したた》めていない。いずれにしろ、その恋愛は婚約と結婚を考えさせるほどには進展しなかった。恐らく、キール大学での私講師のときには、「恋の冒険」として大目に見られていたことが、カールスルーエ工科大学では地位のある物理学の正教授としての彼には、今やもう大目には見られなかった。ヘルツは二十八歳になり、家庭を持つことが当然のような年齢に達しており、周りからも家庭を持つことが期待されていた。思いやりのある同僚は彼にカールスルーエ工科大学の同僚の結婚適齢期の娘を紹介した。ピクニックでヘルツは彼女と親しくなった。数日後、社会通念に従って、彼は娘との結婚について父親に許可を求めた。「了承」と、父親との話し合いの顛末《てんまつ》を彼は極めて簡潔に日記に記し、三日後には「夕方、市立公園で婚約した」と書いている。しかし、気持ちと社会的な期待はそんなに簡単には折り合いはつかなかった。さらにその三日後、「うわべの見せ掛けに、今やもう耐えられない。夕方、元の木阿弥《もくあみ》となった」と内面的な葛藤を彼は日記に書き留めている。

1885年、婚約破棄をした次の日とその後の数週間は、ヘルツにとって精神的な苦痛になった。工科大学の教授と同僚の娘との婚約は、1880年代のカールスルーエでは単なる私的な出来事ではなかったし、三日後の婚約破棄は公然としたスキャンダルであった。ヘルツは自暴自棄《じぼうじき》になり精神病の治療に通った。夏学期の最後の講義の後、彼は逃げるようにカールスルーエを去り、まずスイスに向かい、そこで彼は山歩きに保養を求め、それからハンブルクへと向かった。しかし、気心の知れた実家に戻っても、神経質な苛立ちと意気消沈とに交互に苦しむなど、少しも良くはならなかった。8月、精神的な治療が必要と診断され、立ち泳ぎや散歩あるいは十分な睡眠などによって病気を治療するために、テューリンゲンの森の(8)「水浴治療施設」に入った。三か月にわたる湯治《とうじ》後の10月末に、再びカールスルーエ工科大学での職務に復帰したとき、彼は不安で人おじするように感じた。夏における軽率な婚約とその破棄によって彼がひき起こしたスキャンダルの影響は、彼が恐れたほどには劇的なものではなかった。自尊心を傷つけられた同僚の娘はほかの人と婚約し、「その話は水に流しましょう」と彼を長く恨むことはないと確約してくれた。また教授陣も同情的な態度を示した。

それでもやはり、彼は孤独による寂しさと社会的に間違った振る舞いへの後悔から簡単に立ち直ることはなかった。「この頃はずっと不満や絶望感と激しく格闘」とハンブルクの両親のもとで過ごした1885年のクリスマス休暇中の日記で、彼は打ち明けている。「もうじきすぐに今年が終わることは嬉しいが、同じようなことが起こらないことを望む」とは大晦日《おおみそか》の日記の書き出しであった。

ヘルツは自分の学問の世界だけに閉じこもって社交の楽しみから距離を置き、人見知りをするような変わり者では全くなかった。一度ベルリン大学から両親に社交上の催し物の一つとして、「約百人のダンスパーティー」について報告したことがあった。キール大学でも彼は同僚の家族たちと一緒にハイキングに行っていた。ある学期の終わりを教授たちで祝った際、彼は舟遊びの仲間に加わった。1884年7月19日の日記に「最初は舟遊び、そして八時にベルビュー(9)で夕食、その後ダンス」と書き留めている。また危機に見舞われた歳月と1885年の夏に婚約を破棄したことで落ち込んだ後でも、ヘルツはパーティなどの催し物に参加して精神的なバランスをとり、そして——運が良ければ——自分の妻を見つけ出そうと望んだ。彼は観劇を楽しみ、同僚の教授と定期的に夕方に九柱戯（ボウリング）に出かけ、またダンスパーティーにも参加した。1886年、カーニバルが近づくと、彼は結婚を望んでいる若い婦人と知り合いになろうと数多くのダンスパーティーに参加した。軽はずみな婚約による不運は、彼にとって次は内面の声にもっと耳を傾けるべきとの、戒《いまし》めとなっていた。

重大な決意の際には、感情よりもむしろ理性が先に立った。それにもかかわらず、花嫁を必死に

1886年 4月 12日の婚約後のハインリッヒ・ヘルツとエリザベス・ドール（カールスルーエ工科大学の同僚の娘)。夏学期の終わりに二人は結婚式をあげた。

なって探し求めたことは、１８８６年3月、最初の数日には成果となって報われた。ヘルツが結婚を申し込んだのはエリザベス・ドール[10]で、今回もまた同僚の娘であった。しかし、娘の父親は希望にあふれる求婚者に、娘は「非常に自立心の強い性格」で、自分で彼女の心を奪わなければならないと忠告した。求婚のタイミングにふさわしいときを待つことは、あらためて忍耐力を試すこととなったが、１８８６年の初夏、恋する人の両親と一緒に行ったハイキングで、ヘルツはとうとう自分の気持ちを彼女に打ち明けることができた。このハイキングの後で、彼がハンブルクに宛てた手紙で報告しているように事が運んだとしたなら、ヘルツの精神的な悩みはかなり冷静な解決を見たということになる。彼はエリザベスに、彼女ももちろんすでに知っている前年の「事件」を説明した。その結果、「ある意味、信頼感が生まれて、私たちは遠慮なくすべてを話し合った」。そして、婚約は「すらすら」と運んだ。社会的な身分にふさわしい家庭の家具調度品の購入資金の調達についても、新郎と新婦の両家の間で円満に取り決められた結果、結婚式をあげるのに何の障害もなくなった。夏学期の終わりには、事態は更に進展し、「7月31日、結婚式。バイエルン[11]、チロル[12]、ボーデン湖[13]に旅行。9月3日、帰宅」というまでになった。

花嫁探しについては、日記の見出しに日付けと場所だけを言葉少なく簡潔に表していることから、日記の話題が恋愛結婚のことであったのか、それともハインリッヒ・ヘルツを精神的な破滅の淵にまで憔悴《しょうすい》させた「研究、仕事そして変化への憧れ」が最終的に満たされたのかどうかは判然としない。

入手したあらゆる情報を見てみると、ヘルツとエリザベスは非常に幸せな結婚生活を送った。「特に夕方、お茶のあとで、ハインリッヒが私に本を読んでくれたり、私が少し仕事をしたりして、家で本当にくつろいでいます」と、エリザベスは新婚旅行から戻ってすぐに義理の両親に知らせている。彼女が風邪を引いてベッドから出られなくなったときには、「エリザベスは非常に優しく、そして愛《あい》らしく、彼女の世話をしなければならないときには、ますます愛《いと》しくなります」とハインリッヒは両親に書いている。エリザベスが再び元気になったとき、「私たちは非常に幸せで、ときどき浮かれた調子で大はしゃぎし、二人で楽しんでいます」と彼女は書いている。

結婚後、すぐに彼女は身籠《みごも》り家庭の幸福がさらに増した。エリザベスは愛する「ハインス」、また自分のことを思って甘やかせてくれる「ビィビィエ」のことを愛情たっぷりに義理の母への手紙で伝えて

1890年、カールスルーエの親戚を訪問(14)。後列左より:ハインリッヒ・ヘルツ、女性（不明）、ヘルツの義妹マチルダ・プルフリッヒと夫のカール。前列左より:エリザベス・ヘルツと1887年に生まれた娘ヨハンナ。ヘルツの義父マックス・ドールと夫人。

いる。1887年10月2日、彼女は女の子――ヨハンナ――を出産した。(15)「ハインスは大変優しいパパです」と彼女は義理の母に書いている。もっとも、幸せな父親としての喜びは、よく見てはじめて気づくほどであった。「娘の本当に良いところは、夜中、良く眠っていることで」、おかげで夜にはエリザベスとヘルツは自分たちのことだけをすることができ、朝方になって初めて娘に起こされたようであり、「気配りのできる子供である」と彼は思った。

# 第八章　火花実験

「非常に気分が悪い」、「流体力学の問題を懸命に計算」、「流体力学の問題が解けないため、何もしたくない、全くの落胆」といった1884年10月と11月の日記の書き出しを手掛かりにすると、ヘルツがキール大学での最後の学期をどのように過ごしたかを推測することができる。カールスルーエへの引越しと破談となった婚約のスキャンダルが、彼を一層の危機に落とし入れた。

創造的な物理学の研究に再び取り組むまでに、彼はほぼ一年を要した。カールスルーエ工科大学での最初の学期は、実験室の在庫品を調べ、いくつかの機器を試しに動かしてみるのに費やされた。そして強力なバッテリーと高電圧を生み出す装置、いわゆる「リュームコルフ」[1]を見つけ出した。これは水銀ブレーカーにより、直流のバッテリーから一秒間に約百回と連続的な短パルスの高電圧――約五万ボルト――を発生させる変圧器であった。「リュームコルフ」で生じた火花放電は気体中で光を発生させるのに特に適していたことから、ヘルツは気体放電の研究をやってみようと決めた。1885年の夏のある日、彼は日記に「気体放電の実験を思案」と書いている。しかし、すぐに「惨

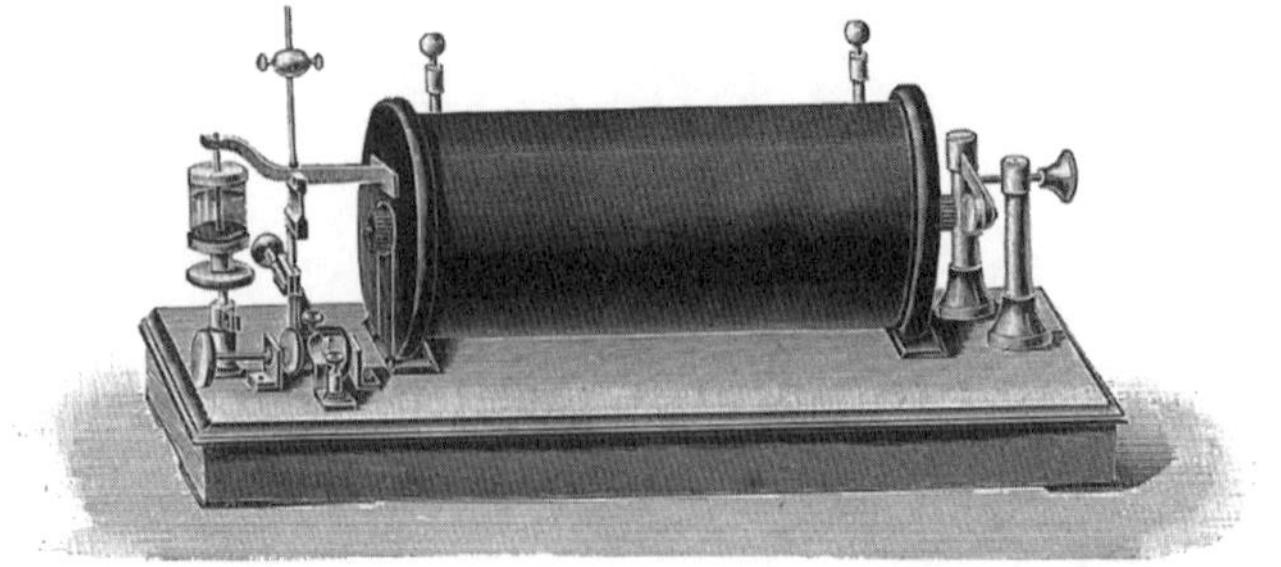

19世紀には、発明者ハインリッヒ・ダニエル・リュームコルフの名にちなんだ誘導コイルによって、バッテリーの直流低電圧から交流高電圧を発生させ、この高電圧を火花の形で見ることができるようになった。このため、「リュームコルフ」を火花誘導コイルとも呼んだ。

めな気持ちになった」ことを彼自らが示してしまった。それ以降、彼が気体放電の物理学に戻ることはなかった。

1885～86年の冬学期、彼は全く違うテーマに取り組んだ。霧の水滴の形成のような気象学上の問題であったり、実験室のバッテリーを「むしろ遊び」としていじくりまわしたり、あるいは「物理のキャビネットにある古い記録をぱらぱらとめくったりした」。特定の研究テーマに取り組む意欲がないことは歴然としていた。1885年12月12日には、「再び、つまらないことを考え、悩んでいる」と記している。そして、1886年の新年になっても、彼は何を新しい研究の対象にしてよいのか見通しがつかなかった。1886年3月、「終日、バッテリーで研究を行った」との見出しがある。一度は「電気力学機械の理論」が、次は「引張強度試験装置」を用いた実験が日記の上で話題となっている。1886年9月16日でも、まだ彼は「どのような研究を始めるか決断がつかない」と書き留めている。

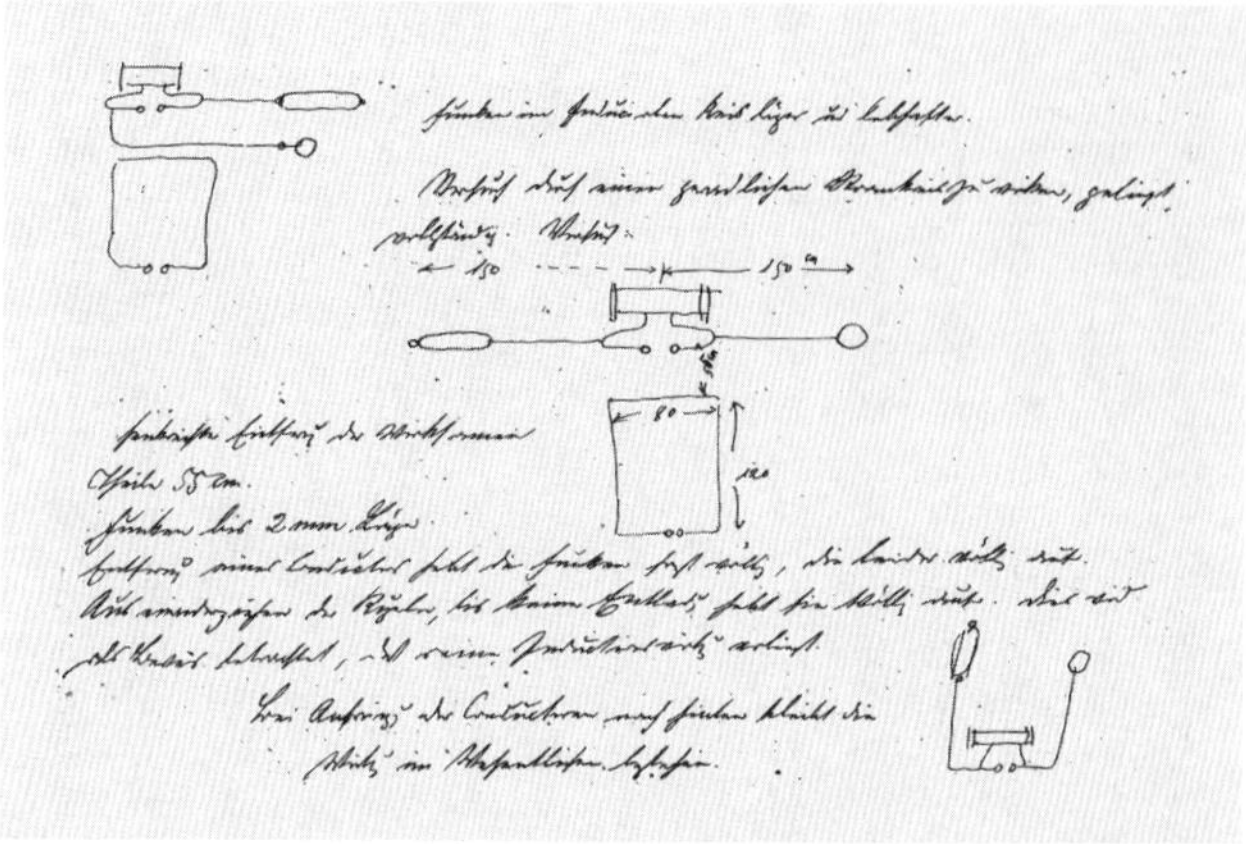

1886年 11月 11日付けのハインリッヒ・ヘルツのさまざまな火花実験のスケッチ入りの実験記録のページ。それぞれ「リュームコルフ」の送信回路と脇に取り付けられたコンデンサーを示す。左上と中央の図では正方形の導体を、下方にはループ状の導体をスケッチしており、それぞれ受信回路として用いられ、その開いた先端間で「長さ 2ミリメートルまでの火花」が生じた。

そうこうするうちに、彼には将来の研究分野がはっきりしてきたようであった。10月、11月を通して、日記には絶えず火花の実験が話題となっている。もっとも、それでもって彼は気体放電の研究に進もうとした訳ではなく、むしろ、開放電気回路の間の電磁的な誘導現象を研究しようとした。彼の妻もまた、新たに燃え上がった夫の情熱に感染し、「実験室で、エリザベスが私の傍《そば》で、リュームコルフによる放電で火花を調べた」と彼は日記に書いている。

1886年11月の中頃には、彼は新しい発見を予感しており、日記には「興味ある誘導現象を見い出した」、「二つの開放電気回路の間で誘導を示すことに成功、電気回路は三メートルの長さ、距離は一・五メートル」、「誘導実験をさらに継続」、「新しい真っ直ぐな直線電気回路を製作。誘導回路での引力について実験」とあった。それから、1886年12月2日と3日には、研究成果として「二つの電気振動の間で共鳴現象を作り出すことに成功」、「共鳴現象がより明瞭に、振動の節、火花に対する特異的な作用」が記されている。

この火花と誘導による実験で、ヘルツはどのような発見をしたのであろうか。「リュームコルフ」によって火花と同時に交流の電気が生じることは長らく知られていた。コイルにこの交流の電気が流れると、その近くに置かれた二番目のコイルに交流の電気が誘導される。この誘導現象も良く知られていた。誘導現象は良く知られており、かつ人目を引くことから、講義として学生の前で実演するときには、「リュームコルフ」と一対のコイルが好んで使われていた。通常「リュームコルフ」につながっていないコイルの両端を学生が持つと、「リュームコルフ」からパチパチと音を立てる火花を認めた。学生は手にしているコイルの導線が「リュームコルフ」に直接つながっていないにもかかわらず、はっきりと感知し得る電気ショックを受けた。

しかし、ヘルツにとって重要なことは講義のために実験を改善することではなくて、「リュームコルフ」を誘導実験に用いることであった。1886年の秋、彼の火花実験の特徴は、「リュームコルフ」の火花で励起するコイルを開いて真っ直ぐの線にし、それを中央で二つに切断するところにあった。それによって、彼は真っ直ぐなコイルから開放電気回路を作った。今日言うところのアンテナである。しかし、電磁波が発見される以前の時代では、何ら話題にもならなかった。切断した電気回路

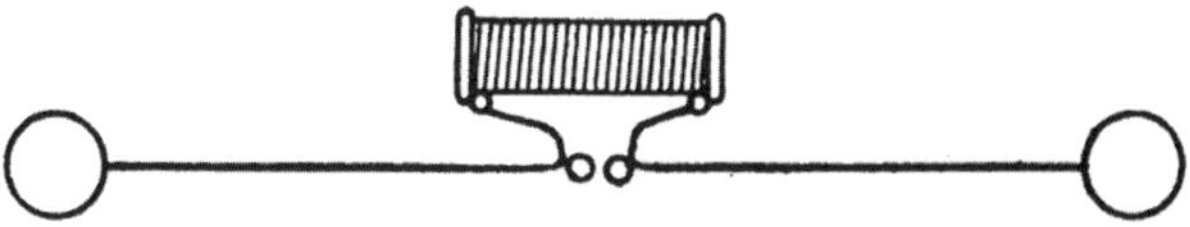

ヘルツは、1886年 12月 5日付けのヘルマン・ヘルムホルツ宛ての書簡で、火花実験に用いた「送信装置」をこのようにスケッチした。中央は「リュームコルフ」を、その下には、端に「コンダクター（コンデンサー）」を備え、中央で切断されている直線の導線が描かれている。この空隙を越えて火花が認められた。

を用いて、ヘルツが何を目指したかを理解するには、ヘルムホルツがベルリン科学アカデミーの懸賞問題で「絶縁体での誘電分極の生成と消滅」の証拠を求めた１８７９年の時点にまでさかのぼって考えなければならない。当時、ヘルツはごくわずかな効果が問題で、十分な時間をかけることによってのみ立証できると考えたため、この問題の前で尻込みをしていた。しかし、「リュームコルフ」の火花によって二次電気回路に誘起される作用を見たとき、この懸賞問題が再び彼の意識に上《のぼ》ってきた。求めている現象とコイルで見られる通常の誘導作用とを区別するためには、電気回路を遮断しなければならなかった。そうすると、——マクスウエルが仮定した変位電流によって——、絶縁空間を通じてのみ電気回路を閉じることができた。

１８８６年12月5日、ヘルツはヘルムホルツ宛てに、「今や、一方の開放直線回路の誘導作用を他方の開放直線回路に非常にはっきりと引き起こすことに成功しました。そして誘導を導き出した手法はやがて、誘導現象に結びついた問題を解決することになると期待しています」と知らせている。彼はかつての博士号論文の指導教授に今まで行った研究について、次

ヘルツが 1887年に自ら撮った写真には自作の実験装置が組み合わされており、同年、この装置で「電気振動」の実験を行った。左側の机の少し高いところには「リュームコルフ」、次いで最初の「送信アンテナ」は 3メートルの長さで中央を切断し、端に球状のコンデンサーを備え付けた銅線からなっている。長机の上の四角形の導体ループはいくつかの「受信アンテナ」である。

のように詳細に報告した。

「私は次のような方法で誘導直線回路を作りました。長さが三メートルで太い真っ直ぐな銅線の両端に直径三十センチメートルの二つの球、あるいは容量が同じ二つのコンデンサーをつなげる方法です」。彼はこの銅線を真ん中で切って、切った端に二つの小さな真鍮《しんちゅう》の球を取り付けた。「真鍮の球の間で大きな誘導性の「パチパチ」と音のする火花が飛び交い、もちろん、初めはこれについての予想は全くできなかったことですが、直線の電気回路に特異的な電気振動を起こし、この電気振動は周辺にかなり強力な誘導作用を起こします」。彼は「誘導路から二メートル離れていても火花」を認めた。また「共鳴の現象を示すことにも成功し、振動時間が一億分の一秒のオーダーであっても、二つの電気回路の間で次々とチューニングすることで作用の効果を最大にするようにできます。今や、最初の直線の電気回路と同じで、平行に置かれた導体である二番目の直線の電気回路にも誘導作用が現れること、もっと正確に言えば、その近くにあるすべての真っ直ぐに伸ばした金属の線または金属の棒の端に微弱な火花が認められるということは驚くにあたりません。すでに最初の実験で、私は一・五メートル離れた平行な導体で作用が現れることに気づいていましたが、チューニングを最適にすることで微弱な火花が認められる距離をかなり広げることができると思います。また、簡単な導線システムを使って、二つの振動の節の間で定常的な波を作ることに成功したと信じています」。

ヘルツはこの手紙で書いたことを、まだ電磁波の発見と見なしていない。まさに、送信装置と受信装置の間での共鳴と、導線に沿っての定常波の存在によって、電磁波理論の基本的な特徴をなしていたものの、この理論の根拠付けはヘルツにとって重要でなかったか、あるいは、まだ重要なことになっていなかった。彼は、この実験で新たに切り拓かれた研究分野にも、後から講釈するほどには、集中して取り組んでいない。彼が何よりもまず集中したのは、送信線で「パチパチ」と音を出す「リュームコルフ」の火花によって受信線に生じる微弱な火花であった。というのも、今後の研究のすべてがこの微弱な火花の記録に依存していたからであった。この微弱な火花が、絶縁された空間を越えて、「リュームコルフ」での放電と受信線の間で、何らかの電気力学的なプロセスが起きたに違いないことを示す唯一の証拠であった。

ヘルムホルツに手紙を書く直前、彼は送信装置と受信装置の配置を一定のままにしておいても、この火花の強度は常に同じではないことに、気づいた。電源を入れた「リュームコルフ」の火花と受信装置の火花との間に紙、ガラスやほかのものを入れて、直接目に見える形で接続をさえぎると、受信装置の火花の強度に影響が出た。1886年12月3日の日記で、彼は「火花に対する特異的な相互作用」と認《したた》めており、「高速振動」に再び取り組む前に、彼はこの相互作用をもっと研究しようとした。

ほぼ半年間にわたって、彼はこの研究に専念した。この不思議な現象の本当の原因を見つけるために、彼は考えられるありとあらゆる物質を二つの火花の間に入れた。ほとんどすべての物質で受信装置の火花が消えた。1887年1月の終わりになって、火花の間の特異的な相互作用の現象に「光が効果を及ぼしている」ことが明らかになった。最終的な決め手となったのが水晶のプリズムで、彼は水晶のプリズムを使って、「リュームコルフ」の火花の紫外光が、相互作用に決定的な役割を果たしていることを示した。更に、彼は「さまざまな気体中での火花の相互作用について実験」（4月18日）や「希薄空間での作用」（4月29日）についての実験にも取り組み、実験結果を公表するために得られた成果を取りまとめ始めた。1887年5月27日付けの日記では「論文を送付」と記されている。「電気放電に対する紫外光の影響について」と題する論文で、ヘルツは光電効果(2)──後になって初めてアルバート・アインシュタイン(3)が量子論(4)によって説明した現象──を述べている。「リュームコルフ」の火花で放射された光量子(5)によって、金属球の間で受信線の火花が閃絡《せんらく》し、電子を放出し、この電子が空気をイオン化し、その結果、火花、フラッシュオーバーを和らげると書いている。１８８７年の時点では、電子と量子の存在はまだ一切知られておらず、そのため光電効果の性質と火花放電の物理は謎のままであった。それでも、初めての発見者としての喜びが小さくなることはなかった。１８８７年7月7日に、ヘルツは父親に次のように知らせている。

私が発見した光の作用で、今、興味あるものを付け加えると、（一）容易に見ることができるが、更にもっと見えるようにできること、（二）光の化学的な作用やすでに知られている光の作用ではほとんど説明がつかないこと、（三）紫外光の作用であり、その確認と研究にもまだ貢献することができることです。要約すると、作用は顕著であり、それにもかかわらず全体としては全く謎だということです。何よりもまず、それが謎でなくなるとしたらそれに越したことはないでしょうし、そのうち、謎が解けるときがくれば、容易に解決できた場合よりも、よりいっそう多くの新しい事実が明るみにされることが期待されます。

量子論の発展に対する光電効果の役割を考えてみると、このような見解は二十世紀の物理学が新たな知見を生み出す予感のように見える。

ヘルツは光電効果の研究のような厳密さでまた最適な専門の用語を用いて、火花のもつ「電気的な

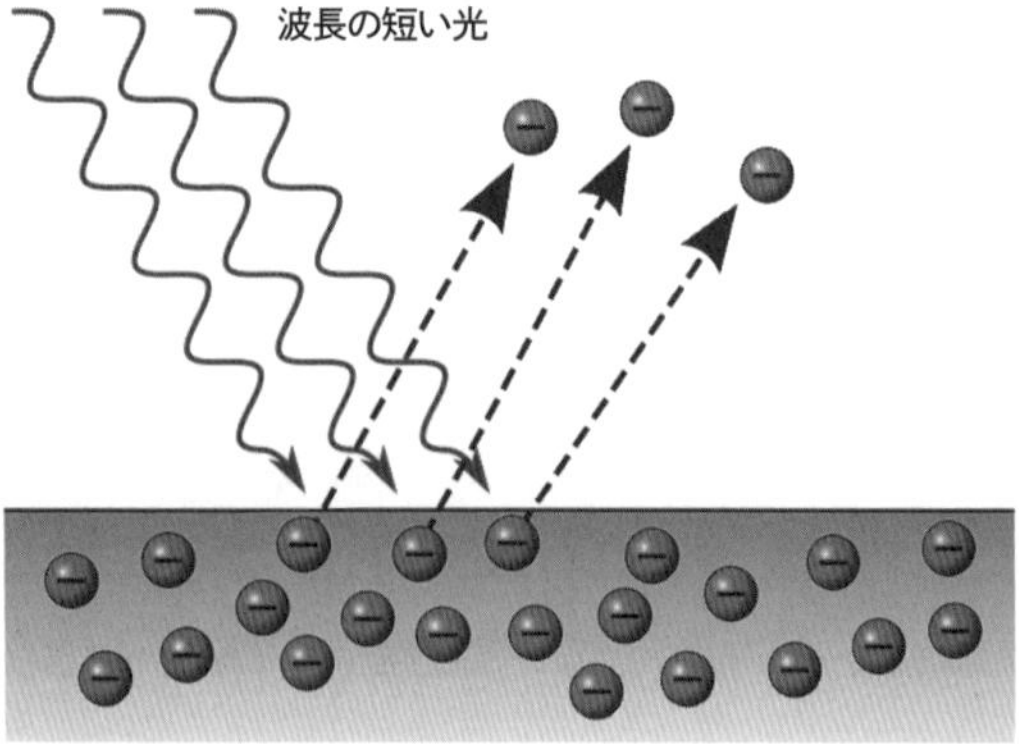


光電効果の原理：紫外光が金属表面から電子を放出させる。火花実験で光の電気的な作用が妨害をする現象として現れたことから、ヘルツは光の電気作用を調べた。

光」の作用の研究に精力を費やしたが、この発見をもたらした本来の目的を忘れていなかった。

光電効果に関する論文の発表の二か月前、彼は『物理学年報』に「高速電気振動について」という論文を送付し、その中で、彼は昨年の秋以降に得られた成果を取りまとめていた。これは開放電気回路による研究を更に進め、この新しい研究分野で自分の優先権を確保するという目的を満足させるものであったことは明らかであった。

1884年の秋に精神的な危機が見られてからは、ともかくも一切論文を発表しておらず、そのため物理学の仲間やライバルにとって彼は忘れ去られた存在に等しかった。高速振動と光電効果についての研究で、彼は物理学の世界に改めて立ち戻ったのであった。また、彼自身この二編の論文でも、そこで扱われている対象の最終的な結論が十分には語られていないことは意識していた。彼は両親に「むろん、早く印刷されることは特別なことです」と伝えながら、この論文の公表で彼の研究が到底《とうてい》尽きる訳ではない。それらについて今、彼が論文を公表しなければ、「ほかの人がこの研究を拡張させていたかも知れませんし、――中略――、私は外から邪魔があっても、じっくりとほかの人に先駆けて研究を続けることができるであろうし、そうとわかれば、更に長く研究を続けることができ、その研究の結果を印刷する前に、何らかの形で問題が解決するはずであろう」と説明している。

１８８７年10月、ヘルツは新聞でかつての恩師グスタフ・キルヒホフの死亡記事を目にしたとき、これをきっかけとして、もう一度、彼は両親に研究の動機を説明した。キルヒホフの死は彼にとってもショックであった。というのも、「一般大衆よりも好意的な教師たちに気に入られることで十分であり、――中略――。願わくは、ヘルムホルツ教授がまだまだ長生きしてくれることです。私は形式的な推薦状がなくてもやって行けるまでになったと思っておりますが、研究にあたって、人は誰でも、内面的には自分が行っている研究の評価を気にかけるものです。人というものは、まさに、ある特定の人たちが興味を持つであろうと考えるテーマを研究するものです。しかし、目的が達成されたとき、彼らがもう生きていないのであれば、それが何の役に立つのでしょうか」と考えていたからである。このとき、カールスルーエ工科大学の実験室で彼が行っていた研究で、ヘルムホルツへの思いと、その当時に出された懸賞問題が常に彼の念頭にあったように思える。

ヘルムホルツは実験を通して競合する電気力学理論が決着すると期待したが、その実験でヘルツは開放電気回路の研究への道を拓いた。しかしながら、１８７9年の懸賞問題である絶縁体への電気力学作用についての疑問には、まだ直接的には答えていなかった。１８８7年10月30日、彼は両親に改めて次のように書いている。

神の助けで数日中に終了する研究は、１８７9年にベルリンの科学アカデミーが設けて、未解決のままであった問題なのです。その当時、ヘルムホルツ教授は大学が出した懸賞問題を私が解いた後、私にこの問題を引き続き研究するように勧めてくれたのですが、解く方法が見つからずに断念していたのです。ところが、今や、そのときには当然思いもつかなかったような方法で私は楽に解くことができました。それゆえ、研究の結果は自分にとって、ある意味で個人的な勝利です。それはそうと、この研究は人が長い間仮定としていた作用の証明を扱っていることから、多くの人の注目を引くことに間違いがないと思います。そして、誰しもがその証明の正しさには疑いようがないと言うでしょう。私自身のように、問題の解決には全く望みがないと考えていた者のみが、どうして簡単な実験で問題を解くことがきたかと今は不思議に思うのです。

火花の検出がうまく行った均衡を、彼は「誘導天秤《ゆうどうてんびん》」(6)と称したが、それは送信と受信装置の回路の位置と長さによって、微妙にチューニングが取れた電気力学的な均衡のことで、その均衡が保たれた状態で、付近に電気的な導体がない場合、受信装置の回路では微弱な火花が消えた。しかし、その近くに金属の導線を置くと、均衡が崩れて火花が再び認められた。それによってヘルツが金属の導線で火花の検出ができた背景には、変位電流についてのマクスウェルの理論が正しければ、絶縁体であっても均衡がうまく取れるという考えがあった。これを証明するためにかなりの絶縁体の物質が必要であった。(7)

この考えを証明するのにどの程度の費用が掛かったかは、「二ツェントナーの(8)硫黄《いおう》の大きなブロックを注ぐ」(10月17日)、「硫黄で実験を行った」(10月20日)、「石油で満たされた箱で実験を行った」(10月21日)、「ピッチの分析を行った」(10月22日)、「ピッチのブロックを注文、実験の記録を書くことを考える」(10月24日)などと記されている日記が、はっきりと物語っている。

使用した絶縁体は全部で「十六ツェントナーのアスファルト、九ツェントナーのピッチ、二ツェントナーの硫黄」と両親に知らせている。そして、費用がこんなにかかっても、「長い間、仮定とされてきた作用の証明」と絶縁体での電気力学上の作用、あるいは1879年の懸賞問題の文言通りの「絶縁体での誘電分極の生成と消滅」が問題であった。ヘルツは「誘導天秤」の状態にさまざまな物質をさらすと、この作用が簡単に現れることを発見した。絶縁体のかたまりとの距離次第で、彼は受信装置の回路で火花を生成また消滅させた。——原子物理学的な構造についてはほとんど知られていなかったことから——、絶縁体の内部で起きていることは電気力学上の作用と見なされた。「絶縁体の誘導作用についての論文を完成し、ヘルムホルツ教授に送る」と、この実験の最後の行動について1887年11月5日の日記に彼は書き、ヘルムホルツに宛てた添え状で次のように報告した。

再度、ここに論文を送付申し上げるとともに、アカデミーに提出していただき、できればアカデミーの会報に印刷していただければとお願い申し上げる次第であります。尊敬する枢密顧問官閣下、当然、このようなことをお願いして閣下にお手数をかけることを憂慮しますが、閣下に論文を送らないことも大いに気になります。と申し上げるのも、論文は数年前に閣下が一度、私に勧めた懸賞問題に関係しているからであります。それゆえ、これまで、はっきりと研究を成し遂げる見通しもなく、その方策もしばらく見い出せなかったものの、その間、常に私の頭の中に留めていたからであります。

添え状の最後には、枢密顧問官閣下がさらに驚かれるかもしれないことをヘルツはほのめかしている。「ここで用いた電気振動が開放回路の電気力学にとって非常に有用になり得ると信じております。さらなる応用に向けての一歩を、私はすでに進めております」。

# 第九章　導線上の波

ヘルムホルツは送付されてきた論文に「ブラボー」と署名し、直ちにベルリン科学アカデミーでの印刷に回すように手配した。「もちろん、私たちにとって大きな喜びでした」とエリザベスは義理の両親に知らせた。かつてのテーマをヘルツは見事な成果として仕上げたことと、プロイセン風の恩師の簡潔なほめ言葉は彼自身に非常に大きな満足感をもたらした。今や、彼は新しい岸に向かい、絶縁体の電磁作用の成果と異なり、「あなたの考えが正しいことを少しも疑いません」と誰もが言うような成果を手に入れた。エリザベスはハンブルクに非常に幸せそうに、彼女の「ハインス」は絶縁体の研究を終了して、すぐに新しい研究に取り掛かったと伝えるとともに、「そして夕方、帰宅したとき、彼が言うには、装置を取り付けて再びテストすると、十五分も経たずに素晴らしい実験に成功したそうです。新しい実験はほぼ終わったに等しく、それはすでにヘルムホルツ教授に送った論文以上に立派なものだそうです。今、彼は素晴らしいことを易々《やすやす》とやってのけます。むろん、それが彼にとっても非常な喜びでしょうが、彼が顔を輝かせて、そのことを話してくれると私も本当に嬉しくなります」と書いて知らせた。

あとから見れば、ヘルツが電気振動の実験によってマクスウェルの理論では存在するはずの電磁波を示したかったことは明らかである。もっとも、彼はこの実験が何に関係するかを解釈することには極めて控えめであった。しかも、彼はまだ電磁波についても、また「作用」についても語っていなかった。

キール大学時代の理論家のヘルツとカールスルーエ工科大学での実験家ヘルツとの間には謎のような隔たりがあった。キール大学時代の著作『物質の構造』で、ヘルツはマクスウェルの思想をすでに自分のものにしており、遠隔作用の反対の考え方を、代わり得るものとして真面目には取っていないように見える。これに対し、ヘルツはカールスルーエ工科大学での実験をマクスウェルの理論と関係付けずに始めている。絶縁体の実験によって、マクスウェル理論の正しさについての間接的な証拠を示しながらも、ヘルツはその正しさがまだはっきりとは証明されていないと見なしていた。そのため、彼が「空間中での波」を証明しようとした実験によって初めて、マクスウェルの理論に反論ができない証拠が得られた。１８９１年にまとめられた回想録で、ヘルツは１８８７年の秋の絶縁体の実験の後に着手した一連の新しい実験の目的について述べている。

この回想録で、はじめてマクスウェル理論についての彼の見解がはっきりと現れた。回想録の出版に先立つ四年前、ヘルツは静電的な力の作用を問題としたときには、場の作用に基づいた電気力学的な力と並んで、遠隔作用にもその正当性を認めていた恩師のヘルムホルツの見解と一《いっ》にしていた。英国における場の理論の支持者がマクスウェリアン[1]と呼ばれていたように、その当時、ヘルツが自分を「マクスウェリアン」の一人として考えていたとすれば、静電的及び電気力学的な現象について根本的に全く異なった推論をするということに、彼は思い浮かばなかったはずである。実際、一年以上を過ぎて、一人の[2]「マクスウェリアン」がほかの「マクスウェリアン」に「ヘルツはマクスウェリアンの一員になろうとしているが、彼はマクスウェリアンではないと思っています」と書いている。

最後に、ヘルムホルツの教え子とその後に続く世代の物理学者までもを、筋金入りの「マクスウェリアン」に仕立てた実験を詳細に述べると説明が長くなる。いくつかを簡単に述べることで十分であろう。

彼が次の目標として取り組んだ実験には、一ツェントナーの重さの硫黄や一ピッチのブロックも必要がなかった。「送信装置」で電気的な高速の振動を起こさせ、「受信装置」の火花によってその振動を記録することで十分であった。ヘルツは実験室に張りめぐらせた導線によって振動を伝えるための配置を考え出した。その配置では、導線の終端での反射によって導線での「作用」が定常波へと次第に変化していけば、丁度、壁の一方の端に固定されたロープが他方の端で上下に揺れるように、導線に沿って電気振動の腹と節が形成されるはずであった。木枠に張った受信装置を用い、ヘルツは火花を手掛かりにして、振動の腹、また電気的に最大に興奮する場所を見つけ出すために導線を見回って

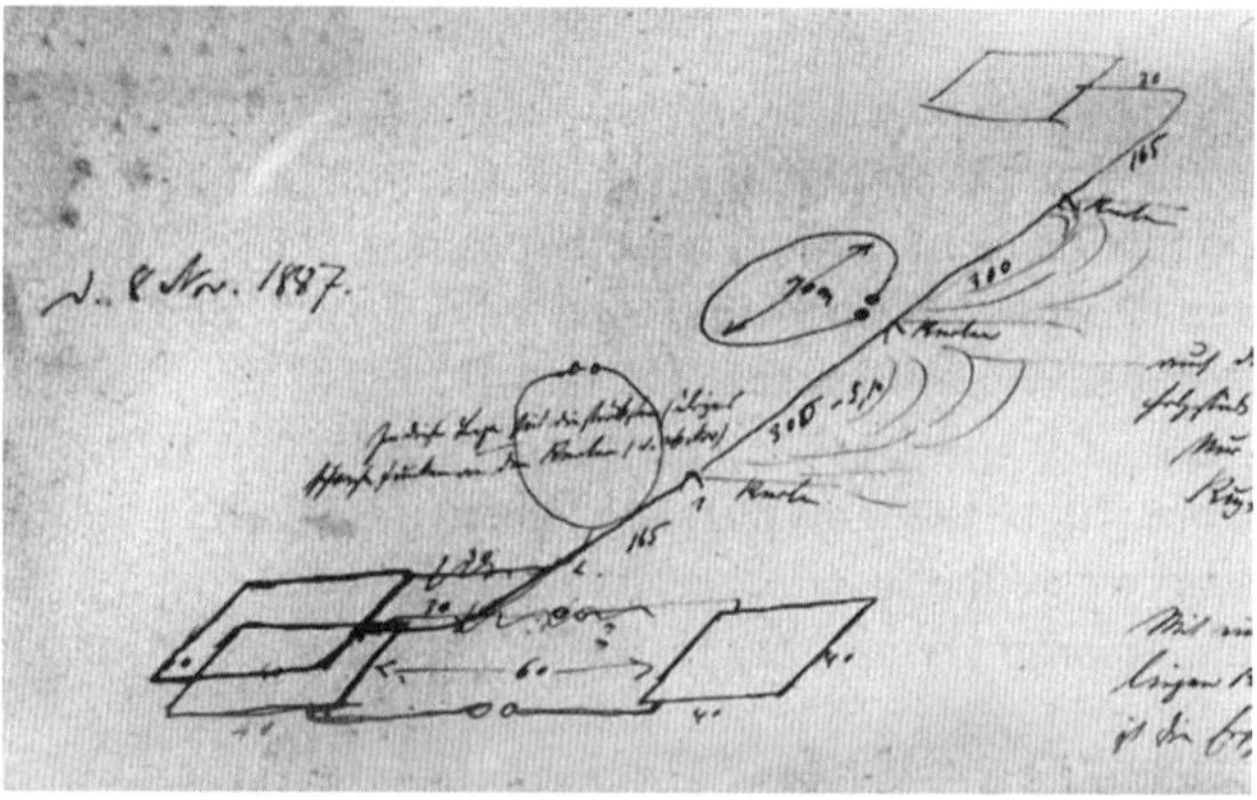

1887年 11月 8日、ヘルツは実験の配置をこのようにスケッチしているが、この配置によって、彼は電磁波の伝播を記録した。正方形の真鍮板の間で電気振動を発生させて、その振動を導線に伝えさせ、そして、その周辺で円形状の「受信装置」により電磁波を検出した。場所によって「受信装置」の火花キャップでの火花が強くなったり弱くなったりすることから、ヘルツは振動の腹と節の位置を確かめた。スケッチで示す数字はセンチメートル単位で示す長さである。

ハインリッヒ・ヘルツの 1886～87年の円形状「受信装置」。装置の左側にフラッシュオーバーを防ぐために調節が可能な空隙を設けてある直径が約 40センチメートルの円形状の導線で、物理学者は空間の電磁作用を検出した。火花の長さから作用の強さを推定し、それを円形状の導線の捻れから電気的または磁気的な力として特徴付けた。

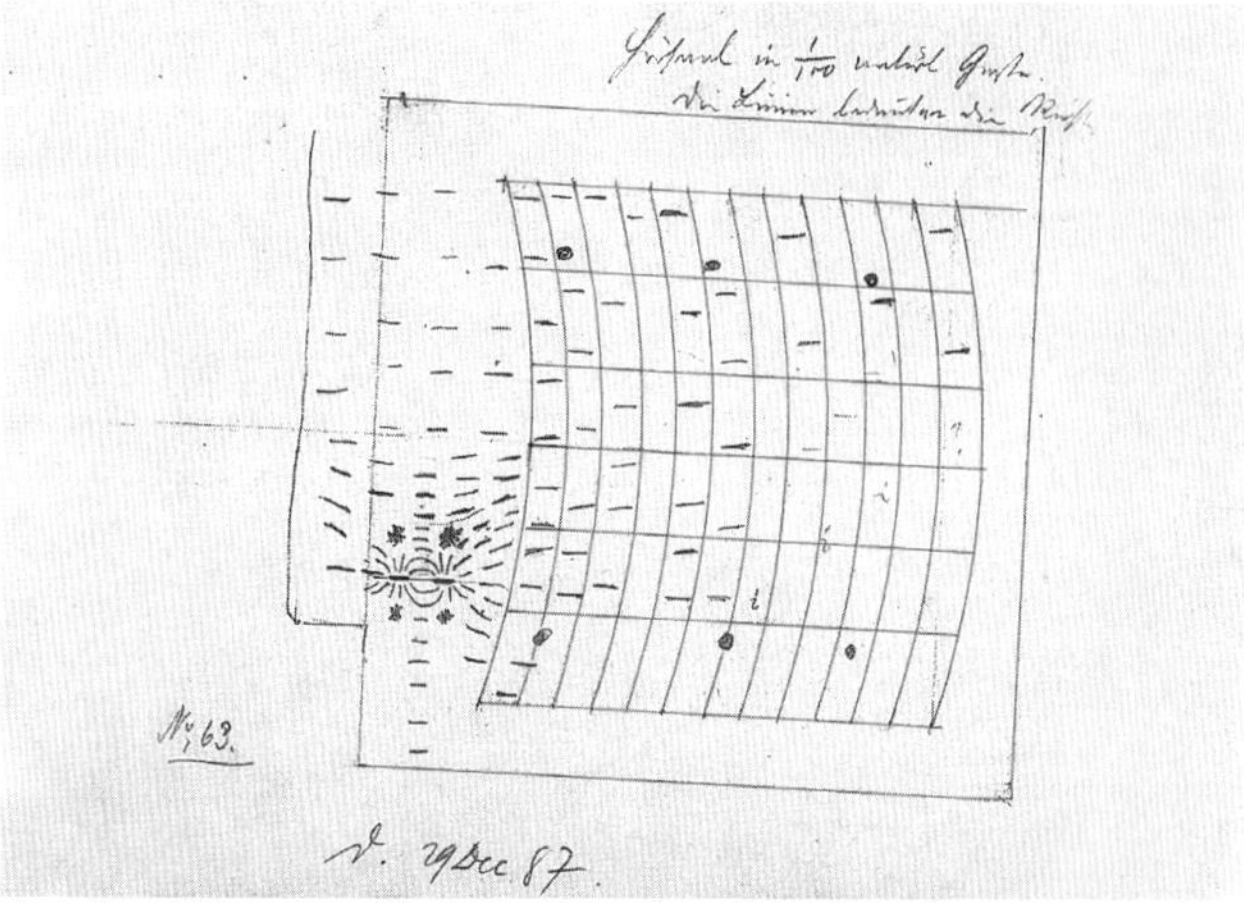


1887年 12月 29日付けのこのスケッチに、ヘルツは電磁波の空間での伝播を表示した。クリスマス休暇中で人気のないカールスルーエ工科大学の教室でヘルツはこの実験を行った。

距離を測った。そのとき、受信装置の導線の終端に取り付けられた球の間にある受信装置回路で点《つ》いたり消えたりする微弱な火花に注目しなければならなかった。振動の腹の間隔から波の長さが計算でき、その値から導線で電気力学的な作用が伝播する速度を計算できた。送信装置から生じる伝播が導線の左右に広がると、実験室のあらゆる場所で重《かさ》なりが生じる。そして、重なりを使ってヘルツは空間での伝播速度を計算することができると考えた。「直接的な作用と導線を伝わっての作用との間で干渉を起こす実験に成功」と１８８７年11月10日の日記で書き留めている。

　とはいえ、絶縁体の実験とは異なり、この結果はマクスウェルの理論と一致せず、彼に一考を促した。マクスウェルの理論によれば空間での伝播は光速度でなければならないし、また、導線に沿っての電気力学作用の伝播にもこれが期待されるはずであった。その代わり、彼が二日後の日記でいぶかしがって書き留めているように、導線ではわずか光速度の約三分の二の値でしかなく、他方、空間では「無限の」伝播速度であることであった。この実験の結果が正しいとしたら、マクスウェルの理論が否定されたであろう。ヘルツがこの実験結果を冷静に心にとどめたことは、この当時、彼はまだ揺るぎのない筋金入りの「マクスウェリアン」でなかったことを改めて示している。もっとも、その後、「作用」は有限の速度で伝播するが、導線に沿う場合や空間では明らかに違った速度で伝播することを彼は見い出した。1888年1月21日、彼がこの実験結果をヘルムホルツに知らせたとき、彼はまだ少々回りくどい言い方をしていた。今まで常に、彼は「小さな部屋でそれだけに限られた距離で」実験していたので、「正しさを初めから認めることはできませんでした」と書いている。ただし、彼は「正しさ」が何であったのかは書いていない。彼にとってもっとも重要なことは伝播速度が無限に速いものではないことであった。導線と空中での伝播速度が異なる値であることについては、彼はこれまで「この現象に特定の理論をあてはめてみよう」とは全くしてこなかったことを理由にして、自分を慰めた。しかし、彼自身は「マクスウェル方程式の体系は十分ではない。少なくとも、その体系から導線で一定の速度を引き出すことはできませんでした」と自信を持って断言した。

ヘルムホルツにとって、ヘルツの実験結果はすでに十分に意義があるものであったことから、彼は遅れることなく原稿を科学アカデミーの報告として印刷に回した。ヘルムホルツはヘルツの実験結果

126　　7. Ueber die Ausbreitung elektrodynamischer Wirkungen.

gleicher Geschwindigkeit wie die Drahtwellen fort, so wird sie mit jenen in allen Entfernungen in gleicher Weise interferiren. Pflanzt sich die Wirkung durch die Luft mit endlicher, aber anderer Geschwindigkeit als die Drahtwellen fort, so wird die Interferenz ihren Sinn ändern, aber in Zwischenräumen, welche grösser als 2,8 m sind.

Um zu ermitteln, was thatsächlich stattfände, bediente ich mich zunächst der Art von Interferenzen, welche beim Uebergang aus der ersten in die zweite Hauptlage beobachtet werden. Die Funkenstrecke befand sich oben. Ich beschränkte mich zunächst auf Entfernungen bis zu 8 m vom Nullpunkte an. Am Ende jedes halben Meters dieser Strecke wurde der secundäre Leiter aufgestellt und untersucht, ob ein Unterschied in der Funkenstrecke zu constatiren sei, je nachdem die Normale gegen $P$ hin- oder von $P$ fortwies. War ein solcher Unterschied nicht vorhanden, so wurde das Resultat des Versuchs durch das Zeichen o aufgezeichnet. Waren die Funken kleiner, während die Normale auf $P$ hinwies, so wurde eine Interferenz constatirt, welche durch das Zeichen + dargestellt wurde. Das Zeichen − wurde benutzt, um eine Interferenz bei entgegengesetzter Richtung der Normale zu bezeichnen. Um die Versuche zu vervielfältigen, wiederholte ich sie häufig, indem ich jedesmal den Draht $m\,n$ durch einen 50 cm längeren Draht ersetzte und ihn so allmählich von 100 cm auf 600 cm anwachsen liess. Die folgende, leicht verständliche Uebersicht enthält die Resultate meiner Versuche.

| | 0 | | 1 | | 2 | | 3 | | 4 | | 5 | | 6 | | 7 | | 8 |
|---|---|---|---|---|---|---|---|---|---|---|---|---|---|---|---|---|---|
| 100 | + | + | o | − | − | − | − | − | o | o | o | o | o | + | + | + | + |
| 150 | + | o | − | − | − | − | o | o | o | o | o | + | + | + | + | + | o |
| 200 | o | − | − | − | − | − | o | + | + | + | + | + | o | o | o | o | o |
| 250 | o | − | − | − | − | o | o | + | + | + | + | o | o | o | o | o | o |
| 300 | − | − | − | − | o | + | + | + | + | + | o | o | o | o | − | − | − |
| 350 | − | − | o | + | + | + | + | + | + | o | o | o | − | − | − | − | − |
| 400 | − | − | o | + | + | + | + | o | o | o | o | − | − | − | − | − | − |
| 450 | − | o | + | + | + | + | + | o | o | o | − | − | − | − | − | − | o |
| 500 | − | o | + | + | + | + | o | − | − | − | − | − | o | o | o | o | + |
| 550 | o | + | + | + | + | o | o | − | − | − | − | − | o | o | o | o | + |
| 600 | + | + | + | + | o | o | − | − | − | − | − | o | o | + | + | + | + |

Hiernach möchte es fast scheinen, als ob die Interferenzen nach je einer halben Wellenlänge der Drahtwellen ihr Zeichen

1888年の『物理学年報』に発表された論文「電気力学作用の伝播速度について」のページで、ヘルツは導線に沿ってのさまざまな距離での電磁波の重なり（「干渉」）を述べている。表は600センチメートルの長さの導線に沿って、8メートルまでの距離での「受信装置」のさまざまな興奮の強度を示している。符号は波の山（+）からゼロ（0）を通過し、波の谷（−）に至る波の上下を示している。

をベルリンの物理学会でも紹介した[3]。この学会に居合わせたアメリカの物理学者[4]はヘルムホルツが「勝ち誇ったように目を輝かせ」、講演を「愛弟子《まなでし》ヘルツへの称賛とドイツ科学への祝詞」で終えたと、報告している。学会の後、ドルバット[5]から一人の物理学教授[6]がヘルツを訪問し、ヘルムホルツが行った講演を報告するとともに、「そのときは理解できなかった」と正直に伝えた。ヘルツは訪問者に「午後いっぱい実験をやって見せたところ、彼は非常に感激していました」と両親に知らせている。

実験結果の公表がいくらか複雑に見えるのは、伝播の実験で不明な点が彼にはあまりにもはっきりとわかっていたため、ヘルツが幾分不安な気持ちになっていたからであった。「詳細にわたり、すべてに問題がないことを私は確信しています。主要な点では私は全く疑問を抱いていませんが、このように重要な問題に不確実な観察や間違った解釈が混《まじ》り込んでいないだろうかと考えると気分が重くなります」と1888年1月29日に両親に知らせている。しかし、すでにヘルムホルツは彼に「成果を心から祝福」と伝え、『物理学年報』の編集長は科学アカデミーの報告を年報にも掲載することを望んだ。ヘルツは論文を「少し修正」したかったので、印刷を許可することには躊躇《ちゅうちょ》したが、最終的には「私は不安な面持ちで印刷してくださいと頼みこむ必要は今やなくなった」という満足感がためらいに勝った。彼はチャンスをうまく生かし、『物理学年報』の編集長に、ベルリンの科学アカデミーから短報の形で二編の報告として公表された最新の論文を「三編の小論文」として掲載するよう提案した。この間、彼は更に実験を熱心に行い、第四番目の小論文を復活祭の後で追加した。これらは

1888年の4月と6月の間、『物理学年報』に連続して公表された。

たとえ一つ二つの細かい点がまだ不明であったとしても、1888年の春以降に発見した波は、ヘルツにとってどのような疑問の余地もない新しい物理学上の事実であった。彼は壁で反射した波が空間に定常波の状態となって重なり合う実験をもっとも確かなものであると見なした。1888年3月19日、ヘルツはヘルムホルツに「真空中での音波としての性質」を電気力学の伝播の波としての性質ほど明確に示すことができないと、知らせている。光の波はレンズや凹面鏡で一点に集めることができるのに、なぜ「電気力学の波」は集めることができないのかをヘルツは考えたようであった。彼はこのようなことを考えて、すでに「成果のきざしがあった」とヘルムホルツに漏らしている。もっとも、発生させた波は数千分の一ミリメートルの短い光の波に比べて数メートルに及ぶとてつもなく長い波長を持つために、彼は、実験結果を決定的な成果として期待していなかった。「実際には、凹面鏡を不可能なくらいの大きさ」にしなければならないはずであった。

たとえ未《いま》だに、ヘルツがマクスウェルの理論に全幅の信頼を置いていないにしても、ヘルムホルツに宛てた手紙で、彼が調べた現象の「電気力学の波」と「波の性質」をこれまでになく明確に語っている。導線の波の問題はあれやこれや競合する理論で解決できるようには思えなかった。後になってから、間違いがあることがわかった。フランスの数学者アンリ・ポアンカレ(7)はヘルツが送信装置の容量計算を間違ったために、彼によって示された振動の周期が間違っていることを見つけた。その

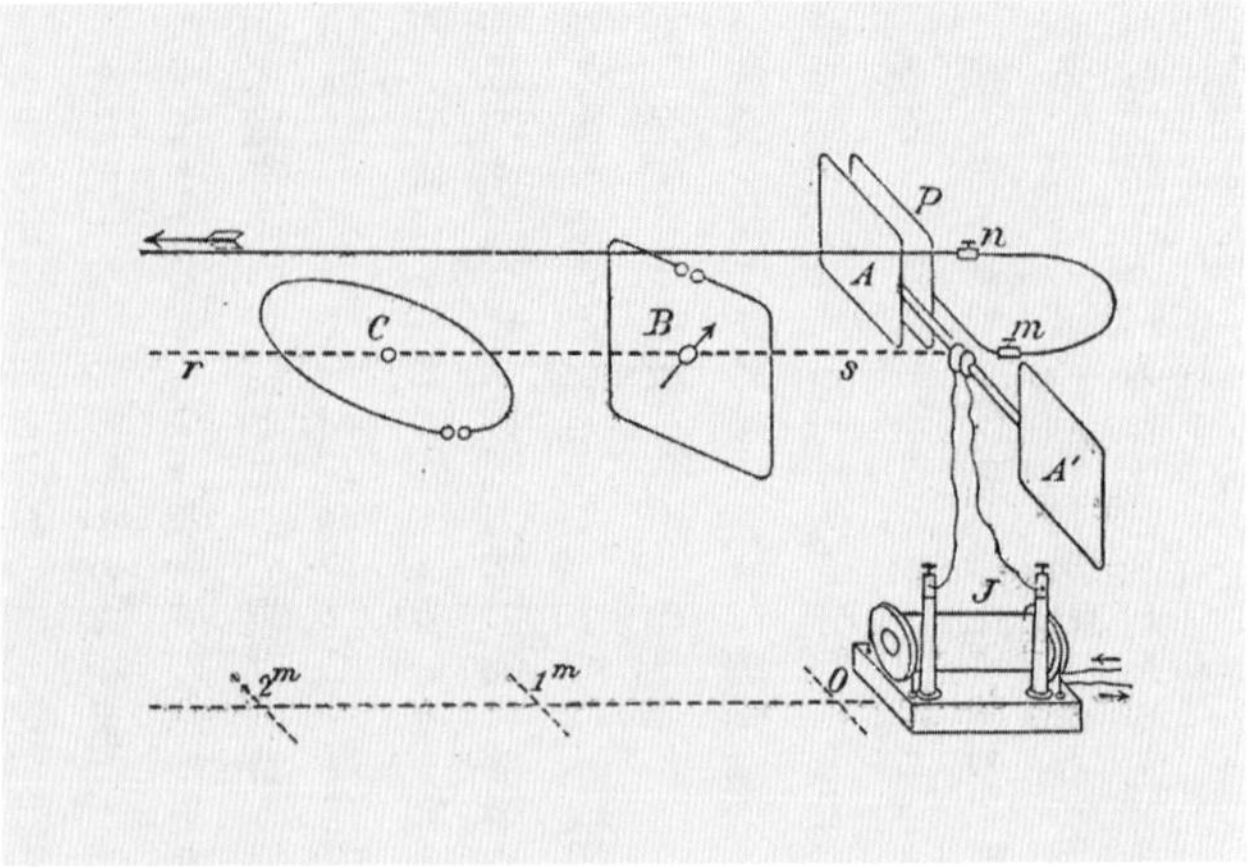


1888年、『物理学年報』のヘルツの論文「電気力学作用の伝播速度について」からのスケッチ。ヘルツはこの実験で電気振動を導線に伝え、「受信装置」（BとC）により、その周辺の電磁波の存在を検出した。ヘルツはこの実験配置で電磁作用の大きさとその方向を確かめようとした(8)。

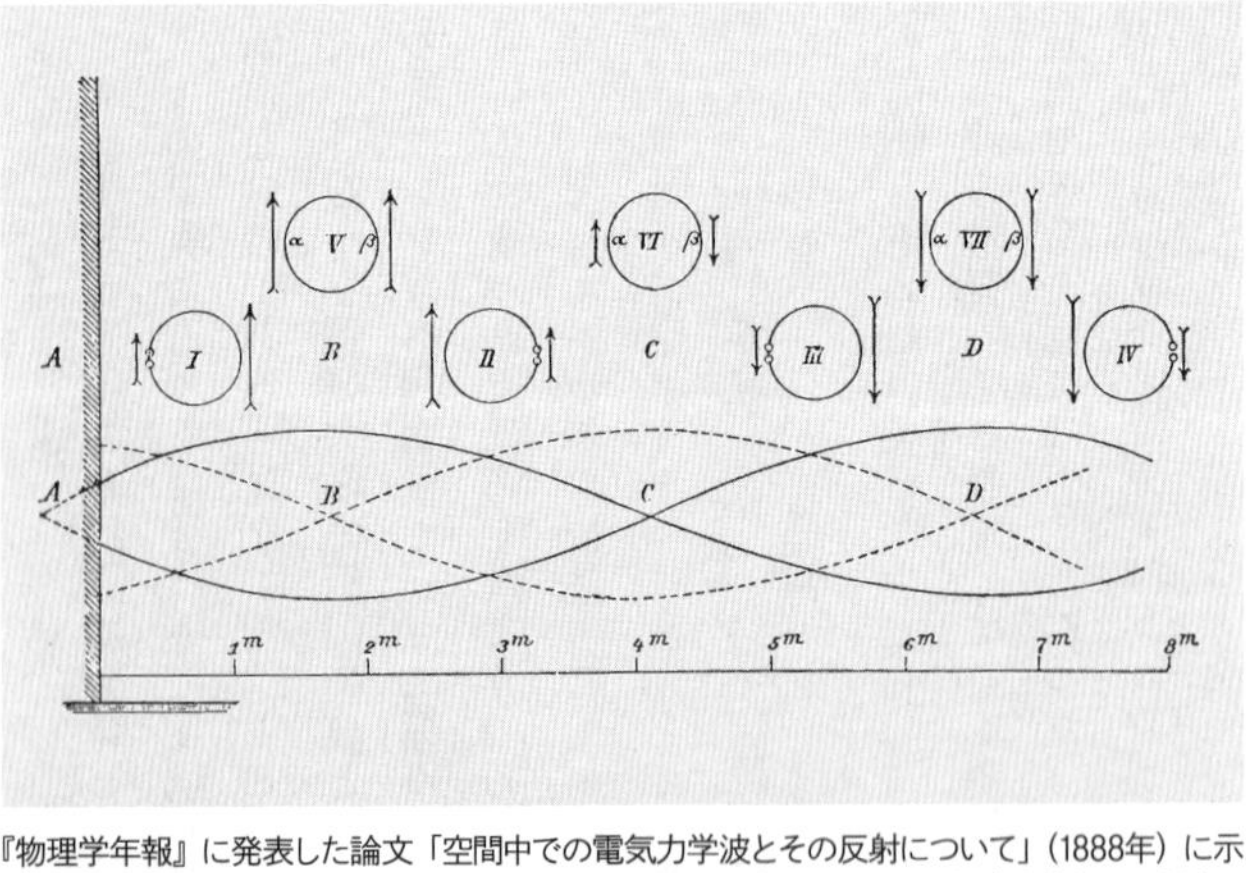


『物理学年報』に発表した論文「空間中での電気力学波とその反射について」（1888年）に示されたこの図を使って、ヘルツはどのように壁の近くで定常的な電磁波が形成するかを述べている。彼はローマ数字で示された場所で受信装置の火花が強くなったと記録している。実線はこの測定に基づいて得られた電磁力の経過を示し、点線は磁気的な力とそれから得られた電気的な力をあらわしている。

上、ヘルツが実験を行った狭い空間で数メートルの長い波長を考えると、歪みや干渉が現れたかも知れず、そのため伝播速度を正確に計算することが不可能であった。しかし、たとえヘルツの装置による測定と容量の計算が完璧なものであったとしても、導線の波をめぐる議論は更に長く続くのであった。この問題は数年後になってやっと解明された。

それでもヘルツが自分の発見によって、電磁場理論の基本原則に関する論争をファラデーとマクスウェルの考え方によって決着をつけたという意味には変わりはなかった。どこの国よりも大英帝国がこのことをよりよく評価することができた。もっとも熱心でかつもっとも著名な「マクスウェリアン」の一人であるジョージ・フランシス・フィッツジェラルド(9)が、1888年7月8日に、ヘルツに手紙を書き、彼に最新の論文の別刷りを依頼した。しばらくして、フィッツジェラルドは古く威厳を備えた英国学術協会の例会の講演(10)で、ヘルツを当代きっての物理学の開拓者と公式に表明した。ヘルツは電磁現象が直接的な遠隔作用――「action at a distance」――によるものなのか、あるいは媒質間の作用――媒質介在作用、「action of an intervening medium」――によるものなのかという物理学上の根本問題に解答を与えた。マクスウェルが媒質を介しての作用を理論的に基礎付け、そして今、ヘルツが実験によって理論に対する証拠をもたらしたのであった。「1888年は、この大きな問題が実験的にドイツのヘルツによって解決された年として、そしてまた、願わくは英国人によって決定された年として歴史に残るであろう」とフィッツジェラルドは述べている(11)。

この出来事はロンドン・タイムズ紙も報じるほど英国では重要であった。前の年に、ハンブルクの司法大臣に選ばれたヘルツの父親は何らかの理由でロンドン・タイムズ紙を読んでおり、その記事に気づいた。彼が息子に新聞記事の切り抜きを送ったところ、ドイツではドイツの自然科学の出来事が、英国における注目を浴びていないことから、息子の喜びもひとしおであった。ドイツ自然科学者・医学者協会(12)――英国学術協会と同様の組織――の年次大会において、ドイツの新聞は同大会では「逝去《せいきょ》した皇帝を追悼し、乾杯で現皇帝を祝福し、そして現皇帝に敬意を表した電報を送付した」というニュースしか報じていないと、(13)ハインリッヒ・ヘルツはそっけないコメントを残している。しかし、ドイツでもヘルツが広く公衆の注目を集めるのにそれほど長い時間はかからず、それは彼にとって単なる喜び以上のものであった。目に見えない電磁波をほぼ光線のように操る一連の新しい実験を１８８８年の秋に開始させることにつながったのである。

# 第十章　電気力の伝播

ヘルツは凹凸のない平坦な金属壁で定常的な電磁波を空間で発生させることに成功した後、金属製の凹面鏡を使って電磁波を収束させるというアイデアを思いついた。もっとも、彼がこれまで実験を行っていた五メートルもの波長をもつ電磁波を焦点に収束させるには、その凹面鏡は非常に大きなものでなければならなかった。１８８８年11月30日、彼が「数メートルの長さの波のみならず非常に短い波も発生させることができるようになり、それによって便利さがぐっと増しました」とヘルムホルツに知らせたように、「ある幸運」に助けられた。「非常に小さな共振装置」を製作しようとした二週間前に、この幸運に気づいたはずである。11月12日の日記には「導線を用いて非常に短い波を見い出した」とある。その後、彼は「非常に小さな共振装置を用いて実験」を行い、空中でも「四十センチメートルの長さの波の兆候」を記録した。「大きな誘導装置を小さなものに交換し、――中略――、以前の実験を十分の一の規模で行うことに成功しました」と書いている通り、次から次へとすべてのことがうまく運んだ。

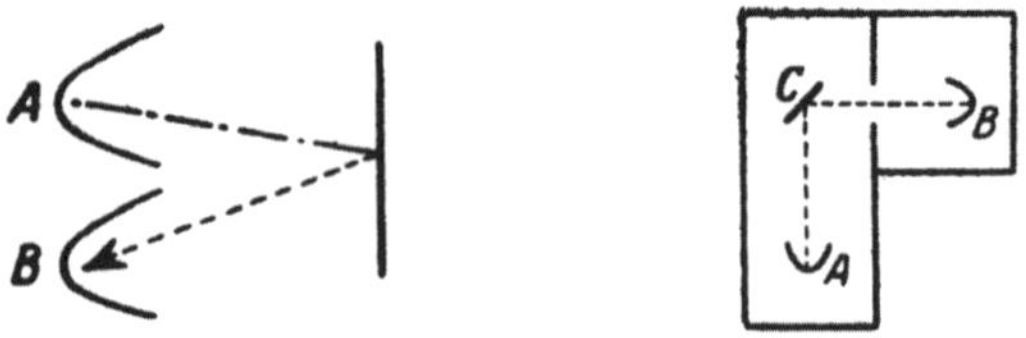


1888年 11月 30日、ハインリッヒ・ヘルツは短い波長の電磁波を使った実験をヘルマン・ヘルムホルツに手紙で報告した。この実験で電磁波を金属の鏡（A、B、C）によって向きを変えることができ、光線のように振る舞うことを示した。

ヘルムホルツに知らせたように、彼は「空中で三十三センチメートルの波長の波」で、それまでの結果を再現することができた。それによって、「今、私は凹面鏡で力を遠方に送り、そして伝播実験も繰り返していますが、最高の成果が得られています」と更に話を続けている。

電磁波を光線のように一点に収束することができれば、ほかの光に似た実験にも使うことができる。ヘルツがいかに素早く「伝播」について新しい実験を考え出したかは、彼の日記の書き出しに見られる。光の場合、光線は回折するので、波としての性質を間違うことはない。砲弾《ほうだん》は角《かど》を回って飛ぶことはないが、光は回折する。そうでなければ、格子で回折パターンと呼ばれる明暗の縞模様が生じることはないであろう。光はガラスのプリズムを通過するときに屈折し、スペクトル分光色に分光する。そして特殊なフィルターを使えば、偏光と呼ばれる現象で光の振動方向をも確認できる。回折と屈折ならびに偏光は伝播方向に対して垂直に伝播する波の現象で、横波に関係していることをはっきりと示している。光ではこれらの現象が長いあいだ、知られていた。しかし、ヘルツ波でも同様な波の現象を示すことができるのであろうか。当然のことながら、プリズムの材料として、また偏光のフィルターとしてのガラスを除外した。その代わりに何を対象とすべきかについては、ヘルツは試してみるしかほかになかった。

11月26日、彼は「プリズム用」の材料としてピッチを注文した。この材料で、電磁波の最適な屈折作用を期待し、12月1日、彼は「伝播の反射と偏光についての実験」を行った。すべてがうまく行ったわけではなかったが、数日して電磁波の振る舞いが光と同じであること、まさに基本的な特徴のほとんどすべてを突き止めることができた。その頃の日記には「回折現象を探し回るも無駄骨」（12月2日）、「いらいらしてプリズムの到着を待つ」（12月6日）、「プリズムが届き、電気技術室に設置。プリズムを使った実験はうまく行った」（12月7日）、「シュライエルマッハー博士[1]と一緒に屈折実験を行う」

1888年、ハインリッヒ・ヘルツが電磁波の屈折を証明するために用いたピッチプリズム。ピッチは楔形で大人の背丈ほどあり、木枠で覆われている。

（12月8日）、「二、三の追加実験とアカデミーへの報告書の書き下ろし、散歩」（12月9日）などと記している。

12月9日、エリザベスはハンブルクの義理の両親に、ヘルツは「論文に熱中するあまり」、途中で中断することができないと知らせ、また「異常な速さで論文に取り組んだ結果、今や完成が間際であり、近日中に、その論文をヘルムホルツ教授に送付することができるそうです。講義のかたわら、彼は三週間位ですべてのことをやってのけると思っていますが、彼はその論文を今までの論文の中での最高傑作と見なしています」と書いている。それからすぐに、実験結果についての論文も完成し、ベルリンのヘルムホルツのもとに送られた。彼は論文のタイトルを「電気力の伝播について」とし、これがそれまでのすべての論文に勝ってヘルツを有名にした。12月15日、ヘルムホルツはかつての弟子に折り返し、「親愛なる友へ、貴下の最近の業績は大変喜ばしい限りです。これこそが間違いなく、私が長いあいだ、どのようにしたら解決できるか、その糸口を見つけ出そうと悩んでいた問題の回答そのものです。また、それだけに全体の思考過程についても詳しく知っており、貴君の論文の重要性をすぐに理解することができた次第です。木曜日に貴君の論文を正式に科学アカデミーに渡したあと、金曜日には物理学会でも講演をしました」と返答した。

翌日、ヘルツは自由ハンザ都市市民特有の冷静さを保ちつつも、両親に高揚した気分で報告した。

私の最新の論文は一週間前にはまだ草稿の段階でしたが、火曜日にベルリンに向けて発送して、目下、その校正刷りがベルリンから送り返されている途上にあります。しかし、世の中は急速に動いています。私はヘルムホルツ教授から受領したとの証明書を受け取りましたが、それには祝福の言葉が添えられていました。私は少なくとも、父上と母上に、この論文の主要な点だけでも理解していただけるものと期待しています。

論文の出版後、彼の自尊心をくすぐるような手紙が「英国の友人からも繰り返し」届いたと書いている。しかし、今やこの論文が、あたかも「世界で目につく」唯一の論文であるかのように見られたことから、彼は喜んでばかりはおられなかった。この点について、彼は「これまでの論文の中にすでに発見の萌芽があり、功績はむしろ最初の手掛かりを見つけ出したことにあります。論文が過去のものとなればなるほど、そして注目が少なくなればなるほど、それだけ一層本当の称賛に値していくはずです」と知らせている。彼は「最近、フランス語で出版しているスイスの雑誌社から、自分の実験についての要約を掲載したいとの依頼」を受け取ったことが、果たして、彼にとってより大きな喜びであったのか、あるいは、厄介《やっかい》なお荷物であったのかは彼のようすからは伺《うかが》い知ることはできない。「グラーツ(2)から数学者のアルバム用にと写真を所望《しょもう》され」、そして未完の著作を出版したいという出版社さえ現れたと告げ、「要するに、父上母上も認めているように、物事が急速に進んでおり、私たちは文書のやり取りが増えていくことにほどほどに慣れなければなりません。時々、謙虚さが無理に要求されることもありますが、自分としてはできれば謙虚さは守っていきたいと願っています」と結んでいる。

今や至る所で、物理学者は自分の研究室で「電気力の伝播」の実験を始めた。しかし、電磁波を用いたこのような初期の実験は、この後で優に10年以上遅れて評判となる無線通信とはまだ無関係であった。１８８９年の時点で物理学者を虜《とりこ》にしたのは無線通信の技術的な応用ではなく、火花が作り出す目に見えない「伝播」の光に似た性質であった。この熱狂ぶりをわかりやすくするために同時代の人びとの直接的な反応を見るだけではなく、ヘルツが発見したものが必ずしも明確でないことから、その発見の本質を明快に、物理学者でない人にも理解できる言葉で述べた具体例を一つ示すことでこと足りるであろう。

ドイツのどこにでもあるような自然科学に興味を持つ素人や専門家の集まりの一つである「ケーニヒスベルク物理・経済協会」[3]で、若手の物理学者であるエミール・ウィーヒェルト博士[4]——後に科学史の中では地球物理学の開拓者として名を残す——がヘルツの実験を紹介したことがあった。１８８９年６月６日に開催された講演会の議事録で述べているように[5]、ウィーヒェルト博士が、「電気振動を用いたヘルツ教授の実験」を紹介し、初めに光の現象との類似性を強調して、「光の伝播はよく知られているように振動運動を含んでいる。石を水の中に投げ入れると、波が立つ中央から水の波が動くのと同じように、光り輝く物体から光の波が外に向かって伝播する」と報告している。光の波としての性質をそのように思い起こさせた後に、当時、ケーニヒスベルク大学[6]で理論物理学者としてのキャリアを開始したばかりのウィーヒェルト博士は本題に入り、「英国の著名な物理学者マクスウェルはほぼ二十年前に光が電気的な現象であるとの見解を打ち立てた。これによると光の理論は電気学の特別な分野の一つなのかも知れない。光の放射では電気があちこちで振動している」。今や、「カールスルーエ工科大学のヘルツ教授の実験」によって、この「マクスウェルの電気力学的な光の理論に強力なよりどころが得られた。マクスウェルが計算した結果を、ヘルツ教授は実験によって確認した。彼は電気的な手段で電気力学的な波を発生させて、それがちょうど光の伝播と同じように形成され、影ができ、反射、屈折そして回折し、また、干渉や偏光を示すことを証明した」と述べた旨の報告をしている。

議事録によれば、この講演者は引き続いてヘルツの実験の詳細に立ち入って次のように説明した。電気力学的な波の発生に長さ約十三センチメートル、太さ三センチメートルの二つの真鍮の棒を使い、その距離を約三ミリメートルと近く、片方が他方の延長線上になるように相互に接するように置いた。そしてそれらは火花を誘導する装置の極に結びつけられた。この誘導装置が起動すると、電気ショックごとに真鍮《しんちゅう》の円柱が強く帯電し、その間で火花が認められる。そうすると電気振動が生じ、電気力学的な波の起点を形成した。この波が発生していることを証明するために、ヘルツは「送信装置」からいくらか離れた地点に「受信装置」を置いた。装置は約一メートルの長さで五ミリメートルの太さの中央が切断された導線からなっていた。断面によって、一方の金属平板の先端と他方の非常に細くて、金属平板に最大限近接して置かれた金属の先端とが電気的に結びついた。電気力学的な波はこの配置で受信装置に電気振動を引き起こす。この振動が十分に強いと、先端と平板の間で火花が認められる。

講演者の説明によって、物理の言葉で述べているヘルツの論文「電気力の伝播について」に対する心構えが聴衆の方でできたところで、ウィーヒェルト博士は次のように取りまとめた。「送信装置と受信装置の距離を二メートルにして、ヘルツ教授は良好な火花を認めた。送信装置の作用を強くするため、その近くに、開口部の高さ二メートル、幅一メートル二十センチメートルの亜鉛板――放物状な円筒形――で作った凹面鏡を置いた。受信装置が凹面鏡の伝播の方向にあると、六メートルの距離でも火花が認められた。伝播が受信装置に入射する前に、最初の凹面鏡と全く同じような凹面鏡で伝播を収束一致させると、実験室の中で最大限可能であった十六メートルの長い距離でも明瞭な火花を認めることができた。最初の鏡で発生した伝播から受信装置を取り出すか、あるいは金属製の遮蔽板《しゃへいばん》で伝播をカットすると、火花はすぐに消えた。こうして電気力学的な波が伝播を生み出し、影を投影し、反射することが確認された」。ウィーヒェルト博士はその後の「約一メートル五十センチメートル

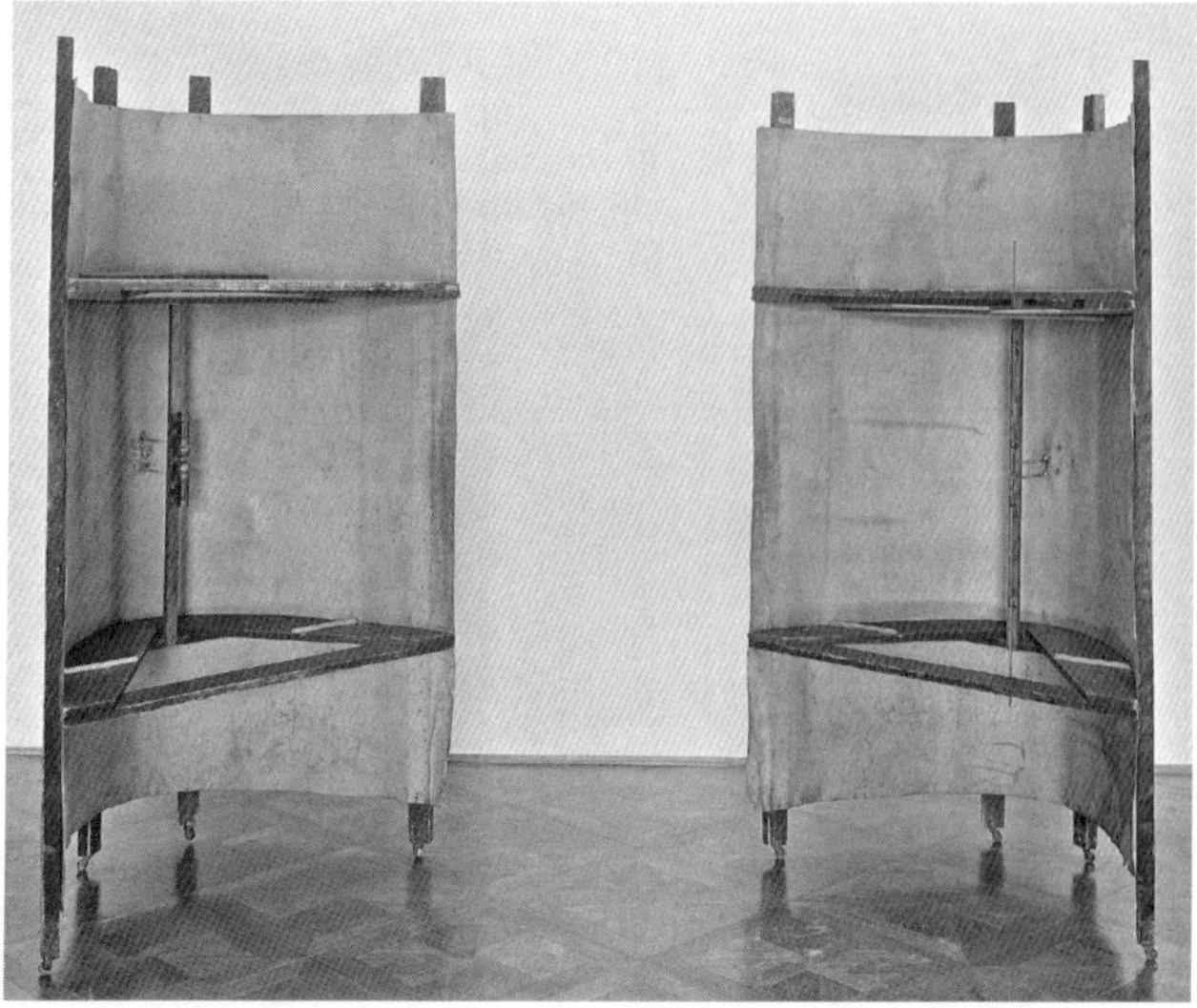

1888年、電磁波を収束するために、ヘルツはこの金属製で放物状に曲げられた約 2メートルの高さの「凹面鏡」を用いた。送信アンテナと受信アンテナはそれぞれ焦点軸上にある。

ルの高さで一メートル二十センチメートル幅の硬ピッチプリズム」を使った屈折実験についても言及し、それによってヘルツ教授は約三十度の屈折角で伝播の向きを変えることができたと述べた。

次いで、その晩の講演会はヘルツの凹面鏡を用いた実験と、暗くした実験室の中で微弱な火花を認めることが容易になるという新しい方法を考えて、講演会は最高潮に達した。「観察室を暗くしなくとも、受信装置の極めて弱い火花を認めるようにするには、火花と目との間にぴったり合うように作った顕微鏡で、火花から出て目に入った光の量を約千倍に拡大すればよい」とウィーヒェルト博士は述べている。最後に、議事録はウィーヒェルト博士がヘルツ波を直接目にすることができないことをどのようにして納得させたかを記載している。

光の波が電気力学の波であったなら、ヘルツ教授の実験で波を直接見ることができなければならないと思われるのももっともである。しかし、この場合はそうは行かない。さまざまな波長――二つの波の波頭間の距離――が水の波でも見られるように、電気力学の波もさまざまな波長からなっている。これらのうち、我々の目の光に対する感受性は、空中での波の波長が約0・00077ミリメートルと0・00039ミリメートルの間にあるので、刺激を受けるが、ヘルツの実験では波の波長が少なくとも約330ミリメートルなので、この波長では光を感じることを期待することはできない。

# 第十一章　ボンからの招聘

ヘルムホルツのようにさまざまなことがらに精通している人物にとって、「電気力の伝播について」というセンセーショナルな論文が発表される前から、ヘルツが高い評価を受けて、報酬の良い大学の正教授のポストに招聘《しょうへい》される候補者であったことは明らかであった。高等工業学校、あるいは近いうちに工科大学になるところは、１８８０年代、実験室の設備でいうと大学と同格の教育と研究の場所ではなかった。それはドイツで最古でそしてもっとも評判の良いカールスルーエ工科大学にも当てはまった。もし平均的な大学の物理学研究所のわずかな可能性に満足しなければならなかったとすれば、恐らくヘルツは偉大な業績を生み出す実験物理学者にまで成長することはなかったであろう。しかし、前任者のフェルディナント・ブラウンと同様、ヘルツもまたカールスルーエ工科大学での最大級の業績によって、大学の正教授の席に列《つら》なることを期待した。実験が行える可能性については、従来、改革などとても考えられなかった大学において、ドイツ帝国の樹立とともに、１８９０年代に始まった「制度改革」によって達成された。

いずれにしろ、1887年11月の絶縁体についての論文に、ヘルムホルツによって二つもの感嘆符「ブラボー」が付けられて以来、ヘルツにとって、どこかの大学の正教授に列なることに大きな期待を抱くことは当然であった。この希望が叶えられるかどうかは、何時《いつ》、何処《どこ》で高齢の物理学の正教授が席を明け渡すかにかかっていた。1887年、ヘルムホルツが新しくできた帝国物理工学研究所(1)の所長としての職務を果たすためにベルリン大学の正教授の地位を明け渡したとき、ヘルツはまだ若過ぎ、かつアウグスト・クンツやフリードリッヒ・コールラウシュといった実績のある第一人者に伍して、ヘルムホルツの後継者として、実験物理学の新しい星としての名声はまだ十分には確立していなかった。しかし、同年にキルヒホフが亡くなり、ベルリン大学の理論物理学の正教授の席が空いたとき、ヘルムホルツがヘルツの理論物理学者としての才能を実験物理学者としてのそれと同等に評価していたことから、ヘルツは有力な候補者と見なされた。その後、ドイツの大学で物理学の正教授の招聘が懸案となると、当然のように彼の名前が浮かび上がった。

ヘルムホルツはプロイセンの文部省で権力を持った第一教育局長のフリードリッヒ・アルトホフ(2)と連携し、自分の優秀な弟子が才能を最大限に発揮できるようなところに順番がくるように、遅れないうちに方針を決めていた。ギーセン大学(3)への招聘状が届く少し前に、「アルトホフ局長より、ひょっとしたら招聘状が来ていないか知らせるようにとの連絡があった」とヘルツは1888年9月の日記に記している。ギーセン大学への招聘について、ヘルツはアルトホフと相談するためにベルリンに行くと、アルトホフは「もっと良いポストを用意するからギーセン大学は断りなさい」[4]と言い渡した。

このとき、キルヒホフ教授の後継者は相変わらず決まらず、まして少し前に亡くなったボン大学[5]のルドルフ・クラウジウス教授の後任はなおさら決まっておらず、その上、ゲッティンゲン大学[6]に新たに教授職が設けられる可能性があった。招聘者リストの作成は各大学の学部の責任であったため、ヘルムホルツとアルトホフは意のままに取り仕切り、管理することはできなかった。ただし、通常は、招聘者リストを作成する前に、ヘルムホルツに助言が求められ、またアルトホフが文部省としての最終的な許可を与えなければならなかったことから、ほとんどの場合、直接的また間接的に二人の影響力がものを言った。

ヘルツはキルヒホフが受け持っていた理論物理学講座では自由に実験ができないであろうと考え、その場合には、ヘルムホルツが帝国物理工学研究所で実験ができる可能性を考えると約束したにもかかわらず、実験物理学者としてゲッティンゲン大学やボン大学に行きたいということをはっきりと意思表示した。アルトホフとの話し合いの後、ヘルツは両親に次のように報告している。

私は確かにベルリン大学に推薦されました。しかし、それに対して、私にとってはほかの大学の方が良く、自分は基本的には理論物理学者ではなく、業績をあげた教授の席から引き離されることになり、また自分はあまりにも若すぎるなどと、私は強く反対しました。そこでボン大学が

法律家フリードリッヒ・テオドール・アルトホフ（1839～1908）。プロイセン文部省の大学教育局長で、ハインリッヒ・ヘルツのキャリアに便宜を図った。

浮かんで来ました。しかし、第一に、私はまだボン大学から招聘されていませんし、第二に、仮に招聘されたとしても、ボン大学としては年配の著名な人物をそこに据えたい意向のようでした。

実際にヘルツの名前がボン大学の学部の招聘リストに載ったとき、ベルリンの文部省当局は彼の希望を尊重した。「今や、ボン大学が確実となったようです」とヘルツは１８８８年12月16日にハンブルクに知らせた。その後すぐに、この件は彼にとって満足がいくように取《と》り計《はか》られた。「予期したように、私がそこへ赴任することが確実になりました」と12月25日、彼はクリスマスの手紙で両親に知らせた。あらかじめ、そこでの人間関係についてのイメージを作ろうと、彼は冬のボンに旅立った。「皆さん、とても親切に私を迎え入れてくれ、私は最高に気に入りました」。彼は将来の同僚たちと訪問した後に夢中になって話をした。「彼らが枢密顧問官であろうとなかろうと、あたかも若い人たちのように気楽で、また無遠慮であったとしても、その人たちと感じよく付き合えることに間違いはありません。学部のもっとも若い人は三十六歳から三十七歳で、その後は間隔があいてほぼ五十歳で、さしあたりのところ私は学部では若造ということになるでしょう」。このとき、ハインリッヒ・ヘルツは三十一歳であった。

次いで住居の問題が待っていた。大学の教授として分相応の住居に住むことが期待されたが、決して安くなかった。「大学の教授が住むような家は七から十程度の部屋があり、庭も小さくなく、賃貸で約千八百マルク、買うとなると四万マルクほどかかります」と彼は両親に知らせている。カールスルーエ工科大学での年収四千マルクでは、住居の賃貸に年収のほとんど半分を支出しなければならなかった。しかし、ヘルツは自分に関することについて、また給料に関しても、カールスルーエ工科大学と比べ、格段に良くしようと固く決心した。そのため、彼は「とてもがめつい奴」となることを覚悟したのであったが、そんなに長く話し合う必要はなかった。というのも、アルトホフはヘルツのことをよく考えてくれて、あっさりとヘルツが言及した年収七千マルクを認めたのであった。

学部の年輩の同僚がヘルツに講義を持つことを強要しようとしたとき、プロイセンの影の文部大臣と呼ばれたアルトホフはボン大学の新参者の応援に駆けつけた。「だめです」とアルトホフは口を挟《はさ》み、ヘルツは実験物理学の講義と実験室の管理のみを行うべきであり、「彼は自由な時間には自分の実験をし、仕事を増やす話は穏やかに終わらせなければならない」と仲裁した。アルトホフは講義が過度な負担とならないように、内々にヘルツに気を配った。大学の教授は謝礼付きの通常の講義に加え、教授連中が専門用語で言うところの謝礼のない「公開講義」もしなければならなかったが、アルトホフはこのことは例外とすることができるはずだとヘルツに確約した。「このようなことすべて」の出来事から、ヘルツは「自分の科学的な活動面にいかに大きな価値を置いてくれているか」ということを満足して記録している。

夏学期が始まる1889年4月1日までに、ヘルツはボン大学の正教授に就任しなければならなかったが、未《いま》だにカールスルーエ工科大学(7)は彼の日常を予定していた。

ボン大学の前任者クラウジウス教授の家を三万七千五百マルクで購入したが、頭の中ではすでにその家に移り住んでおり、彼には「あたかも自分のために建てられたかのように」思えた。しかし、冬学期の講義と取り掛かっている論文を書き上げることで、そのような白昼夢《はくちゅうむ》を見るような暇は彼にはなかった。そのうえ、新しい実験のアイデアが浮かんできた。1889年1月21日の日記には、機械工(8)に「大きな管の中に導線を平行に取り付けさせた」とある。また、「管の中での波の反射」についての実験も日記で話題となっている。恐らく、それを用いてヘルツは、電気力学の波が電気的な導電性の壁で取り囲まれている空洞の中をどのように伝播するかを調べたかったと思われる。丁度、一本の導線によってある地点からほかの地点に電流を流すように、近代の通信工学の専門用語でいうところの、いわゆる空洞導体を使って電磁波をさまざまな機器の間で伝播させることができるのである。1889年2月11日の日記の書き出しには「スパイラル・コイルによる高速の波の伝播」が記されていることから、このような印象を与えるのであった。しかし、空洞導体での電気力学の波の伝播についての実験が意識の端に上ることがあったかもしれないが、ヘルツは自分の実験と発見が将来の無線技術のパイオニアとしての業績につながるとは考えていなかった。言ってみれば、空洞導体による実験も長続きしなかった。この二、三日後、日記では全く違ったテーマが語られている。

1889年の春になっても、ヘルツ自身には、まだマクスウェル方程式が電気、磁気ならびに光学の全領域にまたがる現象を包括的に示す理論式であるということには確信がもてなかった。「電気力学の方程式について熟考した」という1889年2月23日の日記の書き出しには、カールスルーエ工科大学での最後の学期が終了したことも記している。それからすぐに、彼はもう一度実験を行うとしたが、これまでの年月の苦労が今、影響を出し始め、「目がチカチカとする」と2月27日の日記の書き出しにある。その翌日には、目の前で字が踊って見えたことから、彼は妻に読んでもらわなければならなかった。「目の調子がおかしい。じっと見つめるのに苦労する」と症状を自己診断している。そのあと、良くなったときには実験をしたいという欲求は消え失せていた。その代わり、3月1日の日記には「電気力学の方程式を精力的に熟考した」とある。

一週間後の1889年3月7日、冬学期も終了した。ヘルツはカールスルーエ工科大学の学生と夜の公開講義で別れを告げたが、その講義でカールスルーエ工科大学で研究した日々を次々と回想した。日記で彼は極めて簡潔に、講義室が超満員であったことのみを記している。この講義がカールスルーエ工科大学ではいかに感動的な出来事であったかということは、彼の妻がハンブルクに宛てた手紙で初めて知ることができる。まず、ヘルツはカールスルーエ自然科学協会[9]で別れの挨拶《あいさつ》をした。エリザベスは義理の両親に、「ハインスの講演について、参加者から素晴らしいことをいっぱい伺いました。ある人は「非常な衝撃で感動」を受けたといい、また、別の人は講演で眠れぬ夜を経験したが、それでもその人はうれしいと言っていました」と報告した。講演が多くの感動を呼んだことから、学生達はヘルツにもう一度、工科大学で講演をやって欲しいとせがんだ。エリザベスは自然科学協会の催しに出席していなかったことから、今や自分も共に講演会での感動を体験したかった。「講義室は本来二百四十名まで収容できますが、超満員になり実に三百名以上の聴衆で、このような会はこれまで工科大学では長い間見られなかったものです。最後には拍手喝采が鳴りやまず、万歳が三唱されたことから、すっかり恐縮してしまいました」とハンブルクに報告している。

その後、ヘルツは外部の団体からも表彰されるようになった[10]。ベルリンの科学アカデミーはカールスルーエ工科大学に宛てて、彼がアカデミーの会員であることを証するとの資格証書を送付した。「この栄誉がどれほど私を喜ばせたかは、父上母上も想像できますでしょう」とヘルツは両親に書いている。この由緒ある団体に、彼は特別な恩義を感じていた。

ヘルムホルツが作成したベルリンの科学アカデミーの懸賞問題は画期的な発見の道へと彼を導き、そして、彼の一連の論文は科学アカデミーの報告として最初に発表された。また、パリからも彼の「自尊心をくすぐるような書簡」が届いた。有名な高等師範学校(11)――エコール・ノルマール――の物理学者であるジュール・ジュベール(12)が、パリでヘルツの実験を『物理学雑誌』で報告した。

ボンに転居する前にまだ、カールスルーエ工科大学の教授たちへの別れの挨拶も済まさなければならなかった。「挨拶に誰を選ぶかは、常に我々の側にあります」とヘルツはハンブルクに書いている。このような状態で、今や彼が実験に取り組まなかったと言及することは余計なことであった。それでも、彼はまだ時々「新しい見解を展開すること」を「理論的」に考えていたのであった。それは電力学の方程式に関連したものであったであろう。しかし、この考えが熟するのを待って発表するまでに、ほぼ一年を要した。

ボンに移るとともに、理論に対する関心が遠のいて行った。最初の一週間、ヘルツ自身は地下の厚い壁で囲まれた大きな実験室の整理にかかりきりとなった。彼が両親に知らせたように、実験室を見た第一印象として非常な感動を受けたようには見えない。新しい実験室を見て回って、それが「ひどく空虚《くうきょ》で人気《ひとけ》のない」ものに見え、「五十人の学生によって静かに実験ができるような場所で、もし学生が六人しかいないことを考えると、私は心配になりますし、実験室の中では息苦しさを感じることなく歩き回ることができません。地下室と廊下では至る所で、天井から水がしたたり、湧水《わきみず》の音

1889年から1894年までの間、ハインリッヒ・ヘルツが住んだボンの住居。ヘルツは物理学の正教授として、ボン大学の前任者ルドルフ・クラウジウスよりこの家を入手した。

が聞こえます。仕事をうまくスタートさせることができるかどうか、私自身大きな疑念を持って自問しています[13]」。しかし、彼は挑戦しようという気分になり、まず、手始めに、今ある備品一式をその必要性によって整理し、備品の目録を作ろうと意気込んだが、本来、このような作業は著名で高収入の大学の正教授がするようなものではなかった。ハンブルクの両親はこのボン大学での仕事始めのようすを不思議に思った。ヘルツは両親に「誰かが私に感謝するかどうかは大いに疑問ですが、一度は少なくとも二十年ごとには整理しなければなりませんし、私としてはできるだけここに長くいたいので、むしろ、初めにそうした方がいいのです」とくだくだと説明している。

5月、クラウジウスの家が空いたことから、実験室での備品の目録作成と整理・整頓作業に加え、転居という苦労が重なった。「最近、家の整理に多くの手間をかける」と6月7日の日記にある。また、彼が新しい付き合いにいかに疲れ果てたかということが、この夏の日記の次のような書き出しから伺える。「精神的に高度の緊張」（6月18日）、「非常に憂鬱《ゆううつ》で過度な負担を感じる」（6月25日）、「修理に怒り心頭」（7月6日）。

「この頃はいつも気分が優れません」と7月7日に父親に打ち明けている。その理由として「不慣れ、目新しさ、職人、付き合い、試験それに会議など」を彼は列挙している。そしてボン大学での最初の学期が終わるまでほとんど何も変わりがなかったことは、次のような日記の書き出しからも伺える。「実験室で研究を継続、進捗なし」（7月18日）、「疲労こんぱい、惨めな気持ち」（7月22日）、「引き続き試験」（7月24日）、「ファラデーの伝記と手紙を読む」（7月26日）。「何とか学期を終了させた」（7月30日）、「疲労こんぱい」（7月31日）。

苦労して手に入れたボン大学の正教授のポストに就任した後ほど、学期の終了を待ち焦《こ》がれたことはなかった。それだからと言って、彼が気兼ねなく休暇を取ることができたわけではなかった。というのも、この年の9月にハイデルベルク(14)で開かれる毎年恒例のドイツ自然科学者・医学者協会の大会(15)で、彼は招待講演を引き受けていたからであった。1889年8月26日の日記の書き出しには「自然科学者・医学者協会の大会のための講演原稿を書き始めたが、上手く行かなかった」とあり、また一日後には「原稿がはかどらず残念」とある。ハイデルベルクでの大会の二週間前の9月8日、「ハイデルベルクで講演を行うことを引き受けましたが、恥じ入っています。長い時間をかけて、難しく骨の折れる作業をあれこれとひねくり回しています。私が発表することは自分の考えでは、率直に言って素人には理解しにくく、専門家にはつまらないものであり、私自身忌々《いまいま》しい限りです。残念ながら、今回は逃れられず、何かを話さなければなりません」と父親に知らせている。

準備が大変だったのは自分が選んだ講演のテーマである「光と電気との関係について」のためではなかった。この講演のテーマは彼の画期的な実験についての概要を述べるものであった。彼は——非常に長い波長のうちの一つの電磁波を丁度光の波のように鏡で反射させ、プリズムで屈折させるという——一般の人にもわかるような内容にとどめたが、これはこれまでの経験から見て多大な称賛を約束するに違いないものであった。彼には講演が負担と感じられたが、単に電磁波と光の波との同一性に焦点をあてることにした。恐らく、彼はこの講演で、これまで何度も失敗に終わり、満足のいく答えを得ることができなかった電気力学の基礎方程式の問題を論じたかったはずであった。否応《いやおう》なく、彼は集まった自然科学者に対し、専門家にはすでに良く知られていることのみを持ち出すことに納得しなければならず、そして、彼が恐れたように物理学者でない人びとに正しく理解させることができなかった。ヘルツは物理学者以外の人びとに理解してもらうことができなかった点については自らを批判した。というのも、彼の講演の普及版としてボンの出版社が出版した小冊子(16)の売れ行きがよく、三か月で第七版まで増刷するほどであったからである。

ヘルツは準備期間中には講演を「するのもいやなもの」と感じたが、彼は講演を無事に終わらせると落胆の色は微塵《みじん》にも感じさせなかった。「同じ専門の仲間との出会い」が彼にとって一番うれしかったと、自然科学者・医学者協会の大会のあとで父親に報告している。また、ハイデルベルクで彼がいかに多くの人びとの称賛を得たかは、たとえ彼がそれを取るに足りないものと見なしたとしても、次の父親への報告から読み取ることができる。「多くの人が、非常な好意と尊敬を込めて迎えてくれました。最後は、もうそれ以上、褒《ほ》め言葉を聞かないためにも、私は独りになることがうれしかったくらいです」。ハイデルベルクでの称賛がヘルツにとって非常に煩《わずら》わしいものであったかと言えば、はっきりとそうではなかったことを父親に打ち明けている。「年長者や著名な人が絶えず、私を傍《そば》に呼んでくれ、絶え間なく呼んでくれることで、若い人の間で私の権威が急速に、そしていわば目に見える形で高まっていくことが私の自尊心をくすぐりました」。

彼はヴィーナー・フォン・ジーメンスのような著名人との出会いについても詳しく知らせている。ジーメンスにとって、ヘルツがどうして――ドイツ帝国の首都と比較して――、取るに足りないボンに惹《ひ》かれたのか思い浮かばせることができなかった。ジーメンスはヘルツがボンを支持する論拠を何一つ認めようとはせずに、「すべてが馬鹿げている。あなたはベルリンに来るべきです」と彼に返答したそうである。ヘルツにとって、アメリカから到着したトーマス・エルヴァ・エディソン[17]との出会いも注目すべきことであった。電磁波の発見が話題に上がったとき、エディソンは「私もかつて一度同じことを試した」が、十分な成果を得られなかった、というのも、エディソンにとって関心があるのが「発明のみであって、科学ではない」からであると述べたそうである。

ハイデルベルクの自然科学者・医学者協会の大会で得た称賛は、彼が夏の間ずっと避けていた電気力学の基礎方程式の問題に再び取り組む意欲をもたらした。また、冬学期が始まっても、この問題に熱中する妨げとはならなかった。「この頃、静止導体の基礎方程式を絶えず研究」と１８８９年10月の日記に書き記している。しかしながら、その学期中、教授としての義務が犠牲を強要し、研究を纏《まと》めあげるまでには至らなかった。そのあとインフルエンザに邪魔をされた。１８８９年のクリスマスの日記には、「私とエリザベスは今流行《はや》っているインフルエンザに罹《かか》った。夕方、クリスマスプレゼントを配るのにやっとのことで参加」と記している。クリスマスと新年の間の講義のないせっかくの時間も、電気力学の基礎についての自分の考えを発表できるような論文に仕上げるために生かすことができなかった。「ひどい夜だ。子供もインフルエンザに罹ってしまった」と12月27日の日記にある。

何もしないで過ごした週には、彼の心をとらえて離さなかった疑問が明確になったに違いなく、インフルエンザが癒《い》えるとすぐ、自分の考えを取りまとめる作業に取り掛かった。１８９０年２月１日、彼はゲッティンゲン大学の仲間に、「数週間後、遅くとも復活祭の休暇中には、すべての余計なものをはぎ取ったもっとも単純な形に、マクスウェルの電気力学方程式を取りまとめた論文を完成させたい」と知らせている。このように、彼は電磁波についての実験を終了した後で、常に気になっていたことを簡潔な言葉に言い直している。

こうして、1890年3月に「静止導体での電気力学の基礎方程式について(18)」という題で発表した論文は1888年の有名な実験に関する論文と比較して、見劣りすることもなく、理論物理学の古典となった。確かに、これによって、彼は新しい電気力学を確立したのでも、マクスウェルが公式化した電気力学の基礎方程式を根底から打ち負かしたものでもなく、全くその逆であった。ヘルツは論文で、マクスウェルの公式とその理論体系は「同じ目的で考え出されたほかの体系よりも、その展開において、より豊かで包括的《ほうかつ》である」と議論を始めている。しかしながら、論理的な根拠《よりどころ》に関して言うと、マクスウェル自身の考えはあいまいで首尾一貫していないとし、「論理的な根拠はマクスウェルが考え出した見解と到達した見解の間を行ったり来たりしている」と述べている。そして、ここで見解の相違をはっきりさせることが何よりも重要であった。ヘルツはマクスウェルらがいろいろな現象を説明する努力を積み重ねるうちに蓄積された、言うなれば、はっきりしない根拠の瓦礫《がれき》を取り除いたのであった。最終的には、マクスウェル方程式そのものが、その時々に仮定としてなされた「解釈」とは全く関係なく、電気力学現象にとって唯一の根拠であることがはっきりした。数学では、基礎としてのわずかな公理が数学全体の体系を構築しているように、マクスウェル方程式も、厳密な論理的な演繹《えんえき》によって、電気力学の体系を構築する真に基本的な概念であることがはっきりしたのであった。

「マクスウェルの理論は何かという問いに対して、マクスウェルの理論とはマクスウェル方程式の体系である、ということほど簡潔で的確な答えは知らない」とヘルツはほかの機会に自分の論文の結論として述べている。

# 第十二章　電気力学から力学原理へ

神経を集中して、二編からなる電気力学の基礎方程式に関する論文を書き上げた後、恐らくヘルツは論理的に物事を考えることに飽き飽きしていたのであろう。1890〜91年の冬学期の初め、彼はハンブルクの両親に、今学期は「もっぱら実験が伴う講義と、今は本当に綺麗《きれい》に整理・整頓された実験室での実験に専念するつもりです」と知らせている。なにしろ、彼はまだ満足のいく実験をするまでには至っていなかった。「すべてのつまらないさまざまなことどもに、絶え間ない運命のいたずらについて不平を言いたいことが沢山あります」と1890年11月、ハンブルクの両親に宛てて書いている。

彼にとって研究を邪魔するものすべてが不平の対象で、たとえば、科学界が彼に贈った称賛、そして彼が大学の物理学研究所の所長としてかかわりあうような厄介《やっかい》で些細《ささい》なことがそうであった。ロンドンの王立協会(1)が、「表彰、ランフォード・メダルを授与した」ことを彼は喜んだが、同時に「すべてを連絡してとまでは言いません、部分的には容易ではないでしょうが、簡単な知らせでもいいのに」

と嘆いている。

ランフォード・メダル(2)は王立協会のもっとも名誉のある勲章で、そして世界中のアカデミーでもっとも栄誉を博するものの一つであったことから、彼はその表彰をどうでもいいようなものとは考えなかったのであろう。1862年にランフォード・メダルを受賞したグスタフ・キルヒホフを唯一の例外として、ドイツの物理学者でこのメダルを授与された者はいなかった。偉大なヘルムホルツすらランフォード・メダルの受賞者に名を連ねていなかった。十九世紀の物理学界でノーベル賞に匹敵するものと言えば、ランフォード・メダルが第一にあげられた。ノーベル賞同様、ランフォード・メダルの授与も受賞者にある程度の礼儀作法を要求する儀式があった。ヘルツは1890年11月28日にロンドンに向かい、12月1日に授賞式がとり行われた。

この出来事が、普段はどちらかと言えば無愛想なヘルツにとって忘れがたい体験となったことは、両親に宛てた授賞式のときのことを話したいという衝動に満ちた手紙が明らかにしている。「メダルを受け取る際には、私はただお辞儀をすればよく、スピーチをしなくていいので私にはとても気が楽でした」と彼は実際の授賞式について知らせている。しかし、儀式はそれで終わりではなかった。授賞式の後には、お祝いの夕食会に招待され、引き続き懇談となった。ヘルツが感じたように、それは「私たちの考えでは、夕食会は恐ろしく長く、すべてがあらかじめ決められており、そして司会者によって取り仕切られていました。私には全く新しいしきたりでした」。そこで彼はスピーチを断る訳には行かなかった。「もちろん、私はスピーチを短くし、自分が言いたいことをあらかじめエアトン教授[3]に読んでもらって、教授からは自尊心をくすぐられるような意見をもらっておりました」。授賞式の前後、ヘルツは英国の同僚たちの数えきれない招待の渦の中にあった[4]。ファラデーに電磁誘導の発見をもたらす画期的な実験が行われた王立研究所に案内され、別の日には、ケンブリッジ大学のジョセフ・ジョン・トムソン[5]のゲストとして、実験室のみならず「ニュートンの聖遺物[6]」も見せてもらった。「私に関心を持っているほとんどすべての英国の同僚たちを紹介してくれました。そしてそれ以外には、時間が許す限り、非常に多くの面白いものを見ました」と喜んだが、「もちろん、純粋な喜びでしたが、多くの点で非常に苦労しました」と彼は付け加えている。

その後の数週間、エリザベスが臨月で、またヘルツは子供部屋の整理に時間を費やしたため、立派な設備を整えた実験室で研究をすることができなかった。１８９１年１月14日には、マチルダという名前で洗礼を受けた二人目の娘が誕生した[7]あと、「女の子。母子ともに元気」とヘルツは日記に書いている。次の日、やっと彼は実験を始めようと実験室に入ったが全くものにならなかった。赤ん坊が生まれた最初の二週間の日記の書き出しには、二人の女の子の父親としての喜びはなく、うまく行かない実験へのフラストレーションばかりが目立っている。

たとえば、「実験はほとんど見込みがないように思える。だから落胆し中断する」、「実験がうまくいかず疲労こんぱい」、「散歩、新しい研究の手掛かりを探すも無駄」、「物理の研究にすっかり飽きて嫌《いや》になる」とある。次の週も何も変わりがなかったようで、「今は不愉快なとき、倦怠感《けんたいかん》、嫌気《いやけ》」と1891年2月26日の日記に彼は書き留めている。それが一週間後には、まるで他人事《ひとごと》のように、コメントなしで「今度、ケンブリッジ大学哲学協会会員に」と記している。それから、全く突然に復活祭の数日前の3月19日、日記の書き出しには、彼が今や新しいテーマに向かっていることが暗示されている。彼はそれを「力学原理」と書き換えていたが、何を問題としているのかについては書いていない。この問題は彼の頭を悩ませたに違いない。わずかに推し量《はか》れることは、彼が必死になって取り組んだ問題は実験というよりむしろ理論的な問題であった。1891年の夏、彼はずっとその問題で悩んでいたに違いなく、夏学期が終わったときの日記の書き出しは、再び簡潔に「この頃はずっと力学の問題」とある。

日記での記述や手紙をたどることによって、発見に至るまでのプロセスを正確に再現できる電気力学についてのヘルツの研究と違って、力学についての詳細な研究プロセスは推測に頼らざるを得ない。力学についてヘルツが書き留めたものは日付けのない原稿と、亡くなるわずか数週間前に完成し、亡くなった後に『新しい観点からの力学原理』(8)というタイトルで出版された本の原稿だけであった。ヘルツはこの本に詳細な「序論」を設けて、現代に至るもなお哲学者や科学の理論家の間で話題となっている議論を展開している。その中で、ヘルツは物理的な認識と物理学の理論の本質をなす認識とについて非常に深遠な考えを述べている。彼の思考は認識論者と哲学者、たとえばルードヴィッヒ・ウィトゲンシュタインに影響を及ぼし、現代に至るまで議論の対象となっている。しかしながら、ヘルツ自身にとって、本の「序論」で展開した認識論は1891年の春から死に至るまで彼を悩ませていた中心的な関心事ではなかったはずである。

ヘルツが「力学原理」をテーマとしたのは、自分の持っている哲学的な信条をその著書の中で説明するのが目的だったからではなく、以前の電気力学の研究で行ったように、力学を電気力学と同じように純化することに取り掛かろうとしたからであった。彼の認識論については「物質の構造」に関するキール大学の講義ですでに具体例があげられており、それは著書『力学原理』の「序論」と多くの点で非常によく似ている。

人生の最後の年に、ヘルツが非常に粘り強く「力学原理」を研究したのは、何よりもまず、電気力学以上に、力学においてはまだその根本概念を明らかにする必要があったからであった。たとえば、力学における普遍的な重力の法則は遠隔力の概念に基づいている。電磁的な作用自体は非常に高速で、しかし、有限な速度として光の速度で空間を伝播する。一方、ニュートンの重力理論での遠隔作用の概念はある質量の引力が即座に他の質量に作用するということを必要条件としている。太陽をある瞬間に他の場所へと遠ざけることができるとすれば、たとえ惑星で太陽の光が見えなくなるのがわかるまでしばらく時間が必要であろうとも、ニュートンによれば、その間惑星は瞬時に反応して、そして軌道を変えるであろう。電気力学からまさに遠隔力を追放し、厳密な場の物理学に置き換えたヘルツのような人物にとって、重力の作用と電磁気的な作用との間に根本的な相違があるということは大変にいらだたしいことであった。

デンマークの科学史家ジェスパー・リュツェン[10]はヘルツが「力学原理」に至ったプロセスを、乏しい資料を頼りにして探偵のように苦心してたどってみようと試みた。ヘルツ自身がほとんど何も述べていないことから、リュツェンはそのプロセスを時系列的に再現することはできなかった。それでも、ヘルツの出発点と目標の設定については、そう長く頭を悩ます必要はなかった。というのも、力学を純化する研究は「電気力学の基礎」を手本としていたからであった。リュツェンによれば、その研究は公理化と力学化、そして遠隔力を近接作用で置き換えることからなっていると特徴付けられる。公理化とは、丁度、ヘルツがマクスウェルの理論を使って電気力学で企てたように、理論的に説明ができる多くの現象について、論理的な順位付けをすることである。また力学化はヘルツにとってだけではなく、まさに十九世紀のすべての物理学者にとって、すべての自然現象、熱から光学までのあらゆる物理的な現象は力学で説明できるという信念から、必要で不可欠のものであった。そして、最終的には、電気力学と同様、力学においても遠隔力の作用を除外しなければならなかった。

しかしながら、ヘルツは力学において、マクスウェル理論のように――余計なものを取り除き――、公理上の根拠として役に立つような理論を見い出していない。遠隔力を取り除こうとすれば、ニュートンとラプラスの理論は崩壊した。エネルギーを最高の位置に割り当てるような公式も、ヘルツにとっては不十分であった。彼はまだ十分にできあがっていない理論に第三の道を求めた。ニュートン力学では、力によって引き起こされる物体の運動として言い表されていることを、ヘルツは質量の不可視な系との連結を通じて生じる運動と考えた。このような系の運動はあたかも見ることができない伝達装置のように、それに連結して見ることができる物体の運動が生じるということである。ニュートンが遠隔力で説明した運動はヘルツにとって点が互いに固く結びついた系の装いを変えた表現であった。ヘルツが「力学原理」でたどったプロセスを、リュツェンは非常に的確に力学の幾何学化として示した。

この「力学原理」のプロセスを明らかにすることはヘルツにかなりの苦労を背負わせたに違いない。電気力学の場合のように、精神が高揚するアハー体験[11]や、また少なくとも得られるであろうささやかな勝利に対する満足感さえも、彼はほとんど経験しなかった。また、経験したとしてもそれに気づくほどではなかった。「理論的な思考にのめり込んでいるので、休日が夢に終わらないように、力づくでも自分で脱出しなければなりません」と1891年のクリスマス前日に両親に知らせている。それから数日後、「この頃ずっと、「力学原理」の研究に精を出す」と彼は日記に書き留めた。三週間後の1892年1月17日には、「研究は純粋に理論的な性質のもので、少なくとも一年はかかるでしょう」と彼は両親に書いている。しかし、4月には再び研究に取りかかり、「夏学期を通して、「力学原理」の研究に集中し没頭」と彼は後で付け加えている。

1892年末、彼には自分の計画が確実なものになったと思われることから、恩師ヘルムホルツに簡単な計画の見通しを報告した。「最近ずっと、私は最小作用の原理に関する貴教授の研究を精読することで、理論的な研究にいそしんでいます」と1892年12月15日に彼は知らせている。「最小作用の原理を出発点として、そのさまざまな形が複雑な計算の結果としてではなく、単純に意義があり納得のいく真実として現れるのなら、そしてまた同一の定理をいろいろ異なる形としてはっきりとあらわせることができるのなら、まず初めに力学にどのような形を与えなければならないかを自問しています」。この時点では、明らかに彼はまだウィリアム・ハミルトン[12]が1834年に定式化した最小作用の原理[13]を、公理的に自分の力学の基礎に据《す》えることができると期待していた。「私は自分の出した結果に、ある程度満足していますが、この先まだ半年か一年間かけて、この問題を研究しなければなりません」と確信と懐疑《かいぎ》の入り混じったようすで、彼は自分が行っている力学の研究についての見通しを簡潔に締めくくっている。

実際に彼がこの計画に従ったことは、それから一年が経つか経たない1893年10月10日、両親に次のように知らせていることからわかる。「ちなみに、今日は重要な日です。というのも、今日、私の原稿に最後の文章を書き加え、あとは細かい点を仕上げて、手を加えるだけとなったからです」。この作業は彼にとって「かなりの負担」であったが、今や彼は「果てしない幸福感」に浸ったわけである。また、彼は「すぐには理論的な研究は行わないという大きな誓い」を立てていた。「しかし、この研究は完成させなければなりません。まだしなければならないことは退屈ですが、難しくはありません。そして最後の仕上げをする前には、二、三週間、私はそれを頭から追い払います」。12月3日には、「『序論』は組版中で、原稿の大部分は本日印刷に回せるように発送した。最後に、わずかな部分を仕上げるのみとなった」と書いている。しかし、彼は自分の行っていることに確信がもてなかった。というのも、出版社との契約では「十二年後に本を新たに改訂する」という内容で彼自身が改訂して出版する権利を保留していたからである。

製本された本をヘルツは今やもう目にすることはなかった。——もっと長く生きていたとして——、十二年後に、ヘルツが『力学原理』を改訂していたかどうか、そして、どのように改訂したかをあれこれ詮索《せんさく》するのは無駄なことであろう。というのも、十二年後の時点では、理論物理学者は過去一世紀にわたる力学の世界像について何も知ろうとしなかったからである。また、「力学原理」を明らかにする必要性が全く変わっていなかったとしても、物理学者にとって原子論や量子物理学のような全く新しい世界が登場したことから、明らかにする必要性は少なくなっていた。もっとも、ヘルツは自分の本が完成する前から、「力学原理」が物理学の核心に迫っていないことを予見していた。「残念ながら、「力学原理」は単に理論的な性質のもので、実用的な関心に応《こた》えるようなものではありません。自分はよく、「力学原理」などにそもそも着手すべきではなかったのではないかと考えます」と

1893年5月には同僚に知らせている。

実際、この本は実用的な考え方をする物理学者には不愉快な思いをさせたに違いない。というのも、この本は哲学的及び科学理論的な「序論」を度外視すれば、形式と内容から見ると物理の本というよりはむしろ数学の本であった。具体例もあげずに、ヘルツは微分幾何学の式でびっしり詰まった通し番号付きの百のパラグラフを読者に強いた。同じ物理的な事態がさまざまに異なった像[14]によってどのように記述されるのかを示すのに、「序論」で彼はすでにキール大学の講義で導入していた物理理論のための「像」の概念を深化させた。ある像が我々の思考の法則に反することなく、かつ表現された主題と何ら矛盾しない限り、それぞれの像には信頼が置ける。また、描写においてより少ない仮定と折り合いが付けば、像は「より単純なもの」が優先される。力学においてもさまざまに異なった像を選ぶことができる。普通、ニュートンによって基礎付けられた理論は力によって描写され、それに対して違った像を対置でき、力ではなくて最小作用のような合成原理が本質的な特徴である。しかし、それに対しても全く矛盾のない理論を打ち立てることができず、その結果、著書の「本論」で彼独自の像を組み立てたのであった。

物理理論の本質を深く考えることによって、哲学に関心を寄せる人々の注意をも惹き付けるであろうと、ヘルツははっきりと理解していた。というのも、彼は出版社に、「発行部数の算出にあたっては、本に「序論」があることから哲学の読者層も少し数に加えてもよいのではないかと考えます」と助言していたからである。もちろん、著書の「本論」で述べられているヘルツの力学像は読者層にとって、過大な要求であったはずである。確かに、ヘルツは像の隠喩《ひゆ》（メタファー）を無理に使おうとして、わずかな修正で折り合いをつけたものの、彼の像の美しさは微分幾何学をマスターした者にしかわからなかった。ニュートン力学の遠隔力といったほかの像と辻褄《つじつま》が合わないものをうまく排除したが、丁度、マリオネット（人形）劇のように、目に見える出来事につながっている目に見えない構造を仮定すれば、ヘルツの像における幾何学的な説明は単に物理的な意味を明らかにしたに過ぎない。この目に見えない構造がどのような状態にあるのかについて、ヘルツは応えていない。ヘルツの力学を集中的に研究し、かつ絶賛したルードヴィッヒ・ボルツマン(15)のような物質の専門家においてさえも、結局、ヘルツの力学像については途方に暮れる有様であった。

ヘルツは驚くほど単純で、全くの少数で、いわば論理的にひとりでに展開するような原理から出発する力学の一つの体系を創り上げた。だが同時に残念なことではあるが、私の唇をも含め説明を求める無数の質問に対して彼の唇は永遠に閉ざされて終《しま》ったのである。(16)

# 第十三章　そんなに悲しまないでください

たとえ、『力学原理』が哲学と数学の最新の真理を探求した知者の晩年の著作を思わせるからといっても、ヘルツがこの著作に着手したときはまだ三十代の半ばであった。短かった物理学者としての人生で、彼は数学や哲学よりも物理の実験により強く惹かれていた。また、国内外の同僚にとって、ヘルツは1888年の発見以後は、何はともあれ偉大な実験物理学者であり、次いで理論家であった。

1890年の秋以降、ノルウェーから奨学生のヴィルヘルム・ビェルクネス(1)が、あらかじめパリでアンリー・ポアンカレの電磁理論の講義を聴講した後で、電磁波を使った実験を習得するためにヘルツの物理学研究所に滞在していた。科学の学派を作るには、ヘルツはその生涯があまりにも短かった(2)。しかし、彼が同僚に知らせているように、彼にとってビェルクネスは「愛すべき友人でまた教え子」であった。ボン大学には一年しかいなかったが、ビェルクネスも一生涯、ヘルツのことを自分の恩師と見なした。ヘルツは彼を実験室に案内し、のこぎりを使えるかどうかを質問し、「それから二

ノルウェーの物理学者で気象学者のヴィルヘルム・ビェルクネス（1862 ～ 1951）。ハインリッヒ・ヘルツのもとでボン大学にはわずか1年しか滞在しなかったが、一生涯、ヘルツを自分の恩師と見なした。ヘルツにとっても、このノルウェー人は「愛すべき友人であり教え子」であった。

日間、家具職人、板金工そして機械工として過ごしました」とビェルクネスは父親にボン大学での弟子入りのようすを詳しく報告している。

ヘルツはビェルクネスに一つの難しい問題について実験を行わせたが、電磁波をはじめて使って実験をする者はさんざんな目にあった。実験は一様に伝わる波ではなく、衝撃を急に受けたような波形、振幅が急速に減衰するような波で行われた。膨らんだ袋を破裂させると、快適な連続音ではなくて短い破裂音が生じるように、無線発信器から伝播される波もまた全く異なる波長を持つ波で、その振幅は連続する火花の間で急激に減衰した。ビェルクネスはこの波の減衰を測定した。彼はこの実験の結果を三編の論文にまとめ、１８９１年の6月と7月に『物理学年報』に発表した。これらの論文は電磁波の技術的な応用への道を示す重要な貢献となった。[3]

１８９１年の夏学期の初めに、ヘルツの物理学研究所で助手として働くためにフィリップ・レナルト[4]がボン大学にやって来た。彼がのちにヘルツについて述べたことや、国家社会主義での「アーリア人の物理学」(5)というイデオロギーの唱道者《しょうどうしゃ》として、不名誉な形でも登場したことなどは、これからもまだまだ語られるであろうが、１８９４年、ヘルツが亡くなった直後、レナルトが同僚に自分の先生との関係を詳しく語ったようすから、彼のその後の行動を予感させるものは何一つなかった。レナルトは夢中になって、「ヘルツ教授はいつも素晴らしかった。本質的なこと、新しいことを教えてくれる実験をいかに喜んだことか、また同時に、私が見つけたことについてもどれほど喜んでくれたことか」と話した。

レナルトにとって残念であったのは、ヘルツは実験家というよりはむしろ一匹狼《おおかみ》であったことから、彼自身が実験で体験した成功と失敗を、助手のレナルトと共有しようとしなかったことであった。ヘルツはボン大学に着任して以来、さまざまな実験を始めたが、その実験で彼が何を追い求めているのかという戦略については教えようとはしなかった。彼の日記のわずかなメモでは、棒磁石の上の金属円板の回転によって電圧が誘導されることについての研究が話題になっている。静止した磁石の上の円板を動かそうが、静止した円板の上で磁石を動かそうが、基本的な違いは生じないはずである。しかし、違いがあった。後者の場合、全く電圧が誘導されなかったのである。

この現象には、ファラデーがすでに取り組んでいた。これは「単極誘導」(6)として歴史に残っている。彼の説明は複雑で、今日に至るまで物理学者の混乱のもととなっている。日記には、何度も「単極誘導についての実験」が話題となっていることから見て、明らかにヘルツはこの現象を解明できると信じていた。しかし、1893年1月23日にはこの望みをあきらめている。同じ日の日記には、「この実験には余り見込みがなさそうである。それゆえに落胆《らくたん》と実験を打ち切り」と記している。

1891年11月、ヘルツは陰極線[7]を用いた実験の短報を『物理学年報』に送付した。真空管内で高電圧を二枚の金属端（陰極もしくは陽極）に加えると、陰極線が発生する。陰極線は管内の残留ガスを光らせるため、陰極線の軌道を追跡することができる。数年後になって初めて、それが、一方の金属の極から放出されて、ガラス管の中の電圧差によってガラス管内の反対の極にある正に帯電した金属にぶつかる電子であることが発見された。[8] すでに、ヘルツはベルリン大学でこの陰極線を用いた実験を行っていた。陰極線の実験で、彼は今何をやろうとしているのかは教えなかった。

『物理学年報』での彼の論文は「薄い金属箔による陰極線の透過について」というタイトルで、陰極線が「光を透過しない金属」を透過するというヘルツにとって注目すべき実験結果で始めている。ヘルツは金、銀、アルミニウム、白金、銅及びさまざまな合金の非常に薄い箔の透過性を比較したが、その測定結果には何も変化がなかった。このことから、ヘルツにとって、この実験の特徴が「市販されている薄いアルミニウムの箔そのものにあり、この箔自体は光に対する透過性は全くないが、陰極線に対しての透過性が非常に高く、また取り扱いも簡単であり、陰極線による作用を受けないことである。一方、たとえば、薄い銀の箔では陰極線によって特異的なようすで次第に腐食する。薄いアルミニウムの箔は陰極線による腐食がないことから、市販のアルミニウム箔」[9]にあるように、思われた。

陰極線の研究も彼は続けることはなかった。『物理学年報』での論文や日記の書き出し、それに手紙からも彼が陰極線の実験で何を意図していたのかは不明である。どうやら、陰極線が薄い金属の箔を透過する際の光の波との違いを通じて、陰極線の知られざる性質を解明しようとしたのであり、そこから、彼は電磁的な横波が重要であることを知ったのであった。たとえば、1892年4月12日の日記には「復活祭の休暇中にいくつかの実験を行った。その一として、薄い金属箔の抵抗に対する偏光の影響、その二として、衝撃による磁性の変化——横方向の作用を調べる——、その三は小球間の付着——相互に接触——の絶対測定など。どれもうまく行かなかった」とある。一見して、これらは三つの全く異なった研究分野であるように見えるが、薄い金属箔に言及していることから、半年前に行った陰極線の実験と関連があるように思われる。それとも、ヘルツは我々にとって理解できないこれらの研究によって、力学の幾何学化にとって必要とした目に見えない隠された構造を探し出そうとしたのであろうか。

ヘルツ自身は陰極線の実験を中断したとはいえ、彼が発見した薄い金属箔の透過性の実験結果は未解明のままで諦めるにはあまりにも美しくて惜しいものであった。ヘルツは助手のレナルトを励まし、ガラス製の陰極線管の壁にガラスの代わりに薄い金属の箔を据え付けさせた。陰極線はガラスを透過しないが金属は透過する。これによって陰極線を金属の窓を介して管から外へ取り出させることができるため、この神秘的な陰極線を使った全く新しい実験の可能性が開けたのであった。1892

年12月15日、ヘルツはヘルムホルツに次のように知らせた。

この二、三週間、ここで非常に注目すべき発見が私の助手レナルト博士によってなされました。彼はガイスラー管[10]――ハインリッヒ・ガイスラーが発明したガス放電管――を非常に薄いアルミニウムの箔で密封し、完全に気密を保つことができる厚さにアルミニウムの箔を保持するとともに、燐光《りんこう》を引き起こす陰極線のほとんどを透過する薄さのアルミニウムの箔を得ることに成功しました。そのとき、彼はこの陰極線が一度発生すると、空気中のみならずさまざまに異なる気体中でも伝播することを発見しました。これによって、新しい研究分野が切り拓かれました。というのも、今やこの陰極線の発生をその観察から完全に切り離すことができるようになったからです。彼には、まずベルリンの科学アカデミーに簡単な報告書を送って、得られた結果の重要な点を論文にするようにアドバイスしました。いずれ、それがアカデミーの会報の中に採用されるのにふさわしいものと見なされるであろうと期待しています。

レナルトにとっては、この発見が実験物理学者として大成する経歴の始まりであった。ガラス管に組み込まれた「非常に薄いアルミニウムの箔」を物理学者は「レナルトの窓[11]」と名付けたが、この窓は陰極線をガラス管の外に放出することから、陰極線管の中では不可能なことであったが、物理実験のあらゆる技法を用いて、陰極線を調べることができるようになった。数年を経ずして陰極線の性質について、陰極線は金属の中で電流となり、そして「電子」と名付けられた非常に小さな負に帯電した粒子から成り立っているということが明らかにされた。レナルト自身は１９０５年、陰極線の研究でノーベル物理学賞を受賞した。

ヘルツにとって、寛大にも助手の手柄となった発見が、彼の実験室で得られた最後の成果であった。その成果について、彼がベルリンの恩師に出した手紙では、１８９２年の秋以降に両親に送った手紙と同様、簡単に自分の健康状態を報告することで始まっている。ヘルツは病気であったここ数週間、ヘルムホルツが彼に示した思いやりに感謝するとともに、自信を持って、「回復過程にあります」としつつも、残念ながら健康の回復は、非常にゆっくりで、そして「いろいろと思いがけない些《さ》細《さい》な出来事もあり、完全に回復し、再び仕事ができるようになるのは春か夏になるかもしれません」と認《したた》めている。

１８９２年8月15日にヘルツが両親に

フィリップ・レナルト（1862～1947）は、1905年にノーベル物理学賞をもたらした実験物理学者としての輝かしい経歴を、ボン大学のヘルツの助手として始めた。後年、レナルトが狂信的な反ユダヤ主義者と国家社会主義者になったとき、この経歴は不名誉な方向に変わった。

知らせている通り、夏学期の終わりが近づいた頃にすでに「治りにくく不快な鼻風邪」を伴う病気に罹っていた。彼は「静かに研究が行えるとき」として、休暇を非常に楽しみにしていたが、「すっかり台無しになって」終わった。「恐らく、病気はいわゆる枯草熱[12]です。病名に私は覚えがありませんが、早く治ってくれればと願っています。詳しいことを書いて父上と母上を煩《わずら》わせたくありません。病気のことをこれ以上書いてお知らせることを勘弁してください。しかし、目下のところ、自分の鼻のことで精一杯です。そして、すべての研究が自分から遠くはなれ、もうどうでもよくなりました」。

ヘルツが医者に相談したとき、鼻風邪に過ぎないと言われて、彼は当初、気分が楽であった。1892年の8月にはハンブルクで恐ろしいコレラが流行したが、それに比べ、鼻が「チクチク」するなど何であろうか。コレラは十九世紀に入り繰り返し発生し、避けられない流行病のように、ほぼ運命のように甘受されていた。1892年8月の半《なか》ば、ハンブルクで突然発生したコレラの疫病[13]は歴史に残るものであった。コレラは未曽有《みぞう》の勢いで発生し、ハンブルク以外にも流行病の恐怖を引き起こした。

これまでコレラ以外の疫病でその推移がどうであったかはあまり公《おおやけ》になっていない。8月20日までに百十五人の患者がおり、三十六人の死者が出た。二日後には、四百五十名の患者と二百名の死者を数えた。ドイツ帝国政府の委託により、十年前にコレラの病原菌を発見し、新たに設立された感染症研究所の所長を務めているロベルト・コッホ[14]がベルリンからハンブルクに向かった。コッホは、ハンブルクの飲料水が疫病の原因であると判定した。8月26日には、患者の数は九百九十五名で死者の数は三百十七名となっていた。同じ日の日記に、ヘルツはバーデン・バーデン[15]で「鼻風邪」を完治させようと試み、「悲惨な日々。絶食とランニングで治療しようとした」と書き留めている。この8月26日、ハンブルクではロベルト・コッホの勧告を実行に移し始めた。市当局は警察からの命令として煮沸《しゃ》《ふっ》していない水を飲まないよう警告した。9月の初日には、患者と死者の数は減少に転じていた。最終的に、コレラ患者は約一万七千名に上り、そのうち半数以上が死亡した。ハンブルクの飲料水の供給の再建には時間がかかったとはいえ、その後は、ハンブルクでもドイツのほかの場所でもそれ以上のコレラの発生は見られなかった。

8月にコレラが流行していた頃、スイスからコレラで苦しんでいるハンブルクへ帰る途中であった両親はバーデン・バーデンに息子を訪ね、息子の「鼻風邪」が良くなっていないことを確認し、息子にスイスで集中的な治療を受けるように勧めたのであった。ヘルツは忠告に従った。従うと同時に、彼は両親と兄弟がコレラにさらされ、また父親が市参事会員として政治的な責任を負っている故郷の町のことを心配した。

彼自身の病気に関しては、スイスでの治療でも快方に向かわず、ヘルツは予定より早く治療を切り上げた。というのも、彼は「病気が単なる鼻風邪である」という医者の見立てが「馬鹿げている」と気づいたからであった。9月12日、彼はハンブルクの両親に、「今こそ、専門医にかかるという最後の手段に訴える決断のときです。ですから、葛藤《かっとう》もありましたがボンに帰ります」と知らせた。ボンでは耳鼻科の専門医の所見を彼は求めたが、三週間経ってようやく、両親に次のように知らせることができた。

残念ながら、私から喜ばしい報告はありません、何の進捗もないです。あるとすれば慰めと言えるもので、唯一の慰めは、経験上、病気のこのような状況はとても時間がかかるもので、私の場合も例外ではないということです。とにかく、病気を患《わずら》ったことで忍耐力も強くなり、以前のもっと軽い症状のときよりもずっと大きな諦めでもって、ひどい病気に耐えている自分を見い出したことに嬉しい気持ちになっています。そのうえ、私が感じていたほど、自分がひ弱な人間ではないという道徳的な満足も私は感じています。やがて、不愉快な数週間の中には良い日があること、また不愉快な日々の中でも楽しむ良い時間があることを学ぶのです。そして、長引く病気に対しては慣れがいかに役立つかもわかります。そして、結局は瞬間的な痛みが満足という最悪の敵、より詳しく言えば、将来に対する心配事を打ちのめしてくれます。たとえば、今私は研究ができませんし、また学期が二、三週間で始まるようだったらどうなるのでしょうか。

しかし、更に状況が悪くなった。「鼻腔《びこう》の大手術を受ける。しかしながら、術後は全身に炎症が見られた」と、1892年10月6日の日記にある。「炎症と飲み込みの困難が極めて強く、加えて内耳の痛み」と翌日の日記に彼は書いてある。10月9日の日記には、「内耳の炎症と激痛」と見える。二日後、「再び起きようとしたが、高熱、内耳から膿《うみ》が出る」とある。10月15日、彼は気分がどん底まで落ち込み、「次第に勇気を失い、すべてが過ぎ去ることを願った」とある。更に二週間、彼は熱があるままベッドで過ごし、その後再度手術を受けた。「ノミで乳様突起に穴を開けた。すべてうまく行った」と10月29日の日記に書いている。その後、彼は「徐々に回復」した。

このようなわずかな兆候からは、ヘルツが最初に鼻腔と副鼻腔とで細菌性の炎症に罹り、それが中耳炎となり、そしてそれにより耳のうしろにある乳様突起の粘膜の炎症を発症させたように見て取れる。ハインリッヒ・ヘルツ個人の病気も、同じころに故郷のハンブルクで猛威《もうい》を振るっていたコレラも、共に細菌が原因であった。そしてその年、医学は初めて細菌性の感染との戦いに勝利したのであったが、ヘルツにとって医学が感染との戦いに勝利することが遅すぎた。1892年11月に父親に知らせているように、ヘルツ自身が新しい細菌学を「相当に山師的な分野」と見なす一方で、瘴気《しょうき》と(16)いう古い教えを信奉する医者の助けを求めたことには、運命の皮肉を感じさせる。その古い教えによれば、土壌から発生する毒を含んだ瘴気がコレラのような流行病の原因であった。新聞はハンブルクがもっと早くにドイツ帝国とその専門家ロベルト・コッホに代表される新しい衛生政策を取り入れるべきであったとして、ハンブルクの政策を激しく非難した。ヘルツにとって、この批判は不愉快なもので、自由ハンザ都市の市参事会員として批判にさらされた父親に対して、彼は責任を共にする連帯感を伝えた。この連帯感で、コレラのことと父親に対する共感とに触発されて、次のように述べ、彼自身は政治的には満足しているようすを伺わせている。「ハンブルク市民であることを私自身大変嬉しく思います。というのも、自分を共和主義者として認めさせる終身の権利をハンブルクからすでに得ているからです。このことについては、誰かが自分のことを悪く思うかもしれないということもありません」。

耳のうしろの「乳様突起」がしばらくのあいだ良くなると、ヘルツには新たな元気が湧いてきた。1892年のクリスマスイブの前日、「本当にもうクリスマスなのでしょうか」と彼は両親に宛てて書いている。「本当に暑い夏でした」と彼は苦難の時代の始まりを回想し、今や、それ以降のすべての月日を「荒涼とした夢」の中で生きているように彼には思えた。

しかし、ヘルツは病気が本当に治ったとは思っていなかった。クリスマスと新年の祝日の後に、自信を持った態度を取らざるを得なかったことを、彼は両親に打ち明けている。「勝利のためにもはや戦わないで、まともな形で負けるでもない戦いを諦めるほど難しいことはありません。医者は時間がかかるが確かに直ることが確実であることを保証します。しかし、人が病気になった場合、医者が言うことをまともには信じないし、むしろ、何らかの方法で病気と闘って決することを望むものでしょう」。確かに、三週間後に彼がハンブルクに知らせているように、病気は何とか我慢ができるものであったのだが、彼は「ダモクレスの剣(17)が最終的に私の頭上から取り除かれるであろう」ことを望んだ。一時的には、この希望がかなえられたかのように見えた。1892～93年度の冬学期が終わった後、ヘルツは妻と一緒にイタリアへ旅行をしたが、(18)結局は「再び、確実に実行できる機会が巡《めぐ》って来るでしょう。というわけは出発したときと違った雰囲気で家に帰るという望みが叶わなかったからです」とヘルツは自分のみならず両親に対しても白状しなければならなかった。

一進一退する彼の健康状態は神経を苛《いら》立たせた。1893年の夏学期の初めに、彼は「ぶるぶる震える」体験を味わった。時々ほとんど痛みを感じないこともあった。しかし、彼はそれが病気の完治によるものではなく、「それどころか、化膿が続く限り、新たに悪化する危険が当然あります。私たちはともかくも最善を期待しています」ということをはっきりと意識していた。夏学期を無事にやり過ごした後、医者の勧めで、彼は数週間にわたる保養を目的として、バート・ライヘンハル(19)に旅立った。しかし、彼は「水浴療法も全く効き目がない」と改めて冷静に捉えて、再手術を決心した。手術では膿巣《のうそう》を切開し、常に繰り返す炎症の病因を取り除かねばならなかった。9月29日、彼は両親に、医者は手術が成功したと見なしたこと、そして自宅に戻ったことを報告した。「私が医者の治療から解放されるのにどのくらいの期間が必要なのか、更に、手術で開けられた穴をどのくらいの期間、開けたままにしておかなければならないのか、最終的に良くなるのか、そもそも病気が完治するのか。これらが長い時間をかけた末に回答を得ることになるすべてです」。また、なかなか治《なお》らない痛みの病因は「本当は、かなり古くからのそしてそれゆえに頑固な歯肉の潰瘍《かいよう》」であった。目下、彼は「非常に快調です。頬の痛みは次第に消え去っていますし、万事うまく行っています。うまく行かない唯一のことは笑うことです」。

果たせるかな、笑い声は戻ってこなかった。頭に開けた穴が敗血症を引き起こした。1893年11月、ヘルツは激しいリウマチの発作に襲われた。12月7日、彼は気力を奮い立たせて講義を行った。それが最後の講義となった。二日後、彼はハンブルクの両親に宛てて次のように書いた。

私の身に何が起こってもそんなに悲しまず、むしろ、私が短くとも充実して生きた特別に選ばれた者に属することを少しばかり誇りにしてください。そして考えてみてください。この運命を私が自分で望んだわけでも、選んだわけでもありませんが、自分のことに関しては満足しなければなりません。そして、もし私に自分の人生を選ぶことが許されるとしたら、私は恐らく同じ人生を選んでいたでしょう。

1894年1月1日、彼は敗血症によって亡くなった。ヘルツはかつて三十六年前に人生が始まった所へと永遠に戻ってきた。ハンブルクのオールスドルフ墓地[20]にある両親の家族の墓がヘルツの永眠の場所となった。

# 第十四章　追憶

「ヘルツ教授が亡くなられたことを読まれましたか」と1894年1月5日、若い理論物理学者のアルノルト・ゾンマーフェルト(1)が両親に宛てて書いた。「痛ましい限りです。ヘルツ教授は五年前に輝かしい実験研究に着手しました。目下、物理学者のうちほぼ半数の人が彼のあとを追って、ヘルツ波についての研究を行っております。しかしながら、ヘルツ教授の電磁的な光の波の発見と肩を並べるようなものはほとんどありません」。その数年後に、ゾンマーフェルトは理論物理学でもっとも重要な一学派を創始《そうし》した。彼は講義や教科書を通じて、ハインリッヒ・ヘルツの遺産が物理学者の間で生き続けるように気を配った。

1911年、ゾンマーフェルトはバイエルンの科学アカデミー(2)にマックス・プランクを会員として迎える際に、「その間、マクスウェルとヘルツによる電気力学が物理学における自然認識の中心的な役割を果たした」と量子論の夜明け前にあった理論物理学の草創期のようすを描写した。ヘルツとマクスウェルを同時代人として並べるのは、二十世紀初頭の物理学者にとっては当然のことであった。

そして、数十年にわたりさまざまに異なる解釈の対象となっていたマクスウェル方程式を、ヘルツが意識をしていなかったとしても、初めて推測による二義的な解釈から解き放したことによって、マクスウェル方程式が電気力学の基本概念となった。この方程式を数理的な公理のように電気力学の基礎に据《す》え、エーテルの考えからあれこれと導き出すという試みを排した理論物理学にとってのモデルとなった。後年、ゾンマーフェルトは「プランクの作用量子」を同じような方法で量子論の基本公理として導き出し、ある種の原子論から自然定数を基礎付けようとするいかなる試みも、意味がないと明言した。たとえ、ヘルツ波の発見が何も役立つことのないままであったとしても、ハインリッヒ・ヘルツは恐らく物理学の歴史の中で卓越した地位を占めたものと思われる。

このヘルツ波について、今日ではすぐに私たちは無線通信、ラジオ、テレビ、携帯電話などを想い浮かべる。というのも、これらの近代技術の成果の多くが、ヘルツが発見した電磁波の送信と受信に基づいているからである。ヘルツ自身にとっては、このような技術的な応用へのアイデアは研究の本筋から離れたものであった。彼が自分の発見の技術的な応用は不可能と見なしたとか、あるいは完全に拒否していたといった主張は荒唐無稽な作り話である。帝国物理工学研究所の共同創設者で初代所長となった彼の恩師ヘルムホルツと同様に、ヘルツにとっても物理的な知識の技術的な応用はあくまでも望ましいものであった。電磁波の物理から技術的な応用に至るまでの足取りは、成功した応用例を後から知ることになるように、決して些細《ささい》なことでなかった。送信装置周辺のヘルツ波を、薄暗くした空間でごく微弱な火花として検出するのにも更なる発明が必要であった。そして送信装置と受信装置の間の長い距離を克服するのも決して当たり前のことではなかったのである。技術的に応用することの難しさをはっきりとわかっている者にとっては、ヘルツ波の発見の十一年後に、早くもグルエルモ・マルコーニが無線通信に対してヘルツ波の有効性を実演して見せるのに成功したことはむしろ驚きであった。

世界的な無線通信の時代になって初めて、ヘルツが電磁波の発見者として一般に認識されるようになったのに理由があった訳ではない。「無線通信はヘルツ教授が明らかにした法則に基づいている」という記事が、１９０９年12月28日のキール新聞に掲載された。(3) 記事のきっかけとなったのは、ヘルツの電磁波に匹敵するような発見に対する五十周年記念であった。１８５９年、シュレースヴィヒ生まれの物理学者ベレント・ヴィルヘルム・フェッダーセン(5)が、コンデンサーによる放電によって蓄えられた電荷は容器が空になっていくように自然と流れ出ていくといった単純なものではなく、行ったり来たり往復するということを明らかにした。放電の火花は電気振動するとフェッダーセンは推測した。

「この発見は、残念ながら若くして亡くなったハインリッヒ・ヘルツ――１８８１年にキール大学の物理学の私講師、１８９４年にはハンブルクで死去（正確にはボン）――、が基礎付けた電気の波の動きの理論と一致する」と、キール新聞はシュレースヴィヒ出身のフェッダーセンをハンザ同盟の市民ヘルツと都市キールとの間の親密な関係に関連させて、報じた。しかし、フェッダーセン自身はこの記事によって敬意を表されたとは考えなかった。無線通信に関連付けて評価されたことから、彼自身の発見がむしろ早すぎて、そして取るに足りない序幕のように思えたからであった。ヘルツは無線通信の創始者ではないとフェッダーセンは新聞に書いた。[6] ヘルツの功績は単に電気振動を発見したことに過ぎないという一方で、五十年前の自身の発見を無線通信に関連付けようと試みた。また、フェッダーセンはヘルツを無線通信の創始者としての台座から引きずり落とすために、ベルリンの帝国郵政省の顧問[7]にも連絡を取った。彼はこれによっても期待した共感が得られないとわかると、自分が陰謀の犠牲者と思い込む始末であった。彼はロシアの物理学者[8]に、「物理学者と技術者が徒党を組んでおり、このグループの本部はベルリンのようで、ハインリッヒ・ヘルツを無線通信の創始者として――確かにそう信じ込んでしまっているのですが――称賛しています」と知らせている。

フェッダーセンが煽（あお）り立てた論争は、それが最後というわけではなく、ハインリッヒ・ヘルツの追憶をめぐって次第に大きくなっていった。第一次世界大戦時にドイツの教授たちが行った愛国主義的なプロパガンダ、彼らは――ドイツ科学の偉大さを称賛すると共に――、同時に戦争に対する科学の役割を強調することに奉仕した。ゾンマーフェルトは、１９１８年4月13日にシュトゥットガルトで行った講演で、次のように述べている。[9]「１８８８年、ヘルツ教授が電磁波を発見したとき、教授は電磁波が世界を結ぶ交通手段の基盤となり、それと同時に国家防衛のための重要な兵器となることを予期できなかった。事実、無線通信はわずかな資金で行われたヘルツ教授の実験を単に技術的な応用へと大きくしたものに過ぎない」。ヘルツが図で示した場の線は「無線局周辺の電気力の分布と送信装置がある場所から無線通信が飛びだす分布を示している。小さなヘルツ振動子を人目が引く大きな送信塔と置き換えることを想像して見てください。――以下略――」。

第一次世界大戦に負けた後、ドイツでは科学が権力の代用として利用された。「私たちは戦争に負けたこと、そして政治的にも経済的にも、もはや世界の主要な国家でないことはよく認識しております。しかし、科学的には、主要な国家に数えられる権利を持つ国民であると信じています」と物理化学者のフリッツ・ハーバー[10]は1926年にオランダ人の同僚に書き送っている。このような考えで、1930年の国際電気標準会議（IEC）[11]の席上、ドイツの代表がヘルツの名前を一秒あたりの振動数である周波数の単位として公式に採用することを提案した。記号と単位が話題になったとき、ほかの国も自国の著名な科学者を持ち出した。電流の単位はフランス人のアンドレ・マリー・アンペール[12]にちなんで、電圧はイタリア人のアレサンドラ・グラフ・ヴォルタ[13]に、電力はイギリス人のジェームス・ワット[14]にちなんでそれぞれ名付けられた。一秒あたりの振動数については、これまでまだ国際的に拘束力のある名称はなかったが、ドイツの電気技術者はそうであれば、なにゆえヘルツにちなんでHzとしないのかと自問した。第一次世界大戦が終了して十年以上も経っているにもかかわらず、ドイツに対する反感がなおあまりにも強く、ドイツの提案は否決された。その結果、ドイツ電気技術者協会（VDE）[15]は少なくともドイツ国内の高周波技術では、記号ヘルツ（Hz）、キロヘルツ（kHz）などを拘束力のあるものとして制定することを決定した。徐々にではあるが、ほかの国でもこの表記方法を正当なものとして受け入れていった。1933年、七か国がドイツの提案に賛成し、1935年に国際電気標準会議はオランダのスケベニンゲン[16]で開催した大会で周波数の表記としてHzを公式に受け入れた。

このようにしてドイツの電気技術者は国際的な認知によって自分たちの望みを満足させることができた。しかし、そうこうするうちに、ドイツは国家社会主義者が支配することとなった。1934年版の『全国民のためのラジオ放送教本』[17]には次のようなことが読める。「ユダヤ人のハインリッヒ・ヘルツは、無線技術とは何の関係もなく、ラジオ放送の分野ではいかなる発明もしていない。そうではなくて、年若いイタリアの学生で、今はファシスト党の上院議員であるグルエルモ・マルコーニやほかの発明家が十九世紀末に無線通信の基礎を作った」。ドイツ電気技術者協会のマネージャーは、1938年、周波数の記号ヘルツに対する見解として宣伝省に宛てて、「1933年の春頃、周波数の単位に関する記号の制定との関連で、ハインリッヒ・ヘルツは半ユダヤ人であることが初めて強調された」と報告した。「半ユダヤ人」という名称でドイツ科学の国際的な称賛を博するということは、多くの国家社会主義者にとって耐え難いことであった。それでも、このドイツ電気技術者協会の幹部が次のように報告したとおり、あっさりと物事を取り消すことはできなかった。

ドイツは、最初、自らが提出した提案が否決された後で、他国からの支援によって提案を採択するに至ったにも拘わらず、今や自らの提案を実施することに何らの価値も置かないということで、外国との関係においていくばくか不都合な状況にある。したがって、今日、ドイツで周波数の表記ヘルツに反対する非常に大掛かりなプロパガンダ・キャンペーンを始めようとすれば、当然のことながら外国の専門家に悪い印象を与えるであろう。

ナチスのいろいろな部署で大きな波瀾を巻き起こした事件があった。1939年11月20日、ミュンヘンの国家社会主義ドイツ労働党（NSDAP）[18]の党本部に所属する技術本部は、ヘルツの記号をヘルムホルツに置き換えるとの提案でもって方向転換をはかった。「この解決策は、すでに至る所で市民権を得ている周波数単位の記号Hzを維持することを許容するものである。我々はこれまでこの分野でなされた最善の提案としてこの解決策を支持し、全面的に賛同する。また、帝国郵政大臣、帝国運輸大臣、帝国材料試験庁長官ならびに電機産業経済グループはこの提案に全面的に同意した」。ドイツ電気技術者協会から意見の表明を求められたドイツ物理学会は、それに加えて非常に問題の多い見解を表明した。「枢密顧問官ツェネック[19]は、そもそも周波数について、特別の記号の導入は必要がないので、記号Hzを使うことは決してない」との見解を表明したと、ある調書は書き記している。マックス・フォン・ラウエ[20]は、「ドイツ物理学会は、記号Hzの採用にあたり何ら関与を求められておらず、したがって、現在、この記号の表記を変更するために協力するいわれもない」とその調書に更に書き加えた。しかし、物理学者の中には熱狂する人もいた。たとえば、ケーニヒスベルク大学のエデュアルト・ゴットフリート・シュタインケ教授[21]は、「現在の民族政策を一貫して遂行することは自明のことである。同時に科学の分野でも、特に、ドイツ人の研究者で同じレベルの業績がある場合には、ほかの民族の研究者の業績をむやみに前面に押し出す必要はない」と述べた。彼にとって、ヘルムホルツの名前はこれまで「物理の単位表記として使用されたことがないので」、記号Hzはそのままにして、ヘルツをヘルムホルツに置き換えることが、それだけに一層望ましいと思われた。

1938年のヘルツの電磁波の発見五十周年の祝典にあたり、記号Hzの命名とは無関係に、一度、「ヘルツの件」でどのような態度を取るべきかという疑問が投げかけられた。その三年後に作成された報告書では、その当時、「総統自身の指示」で祝典は挙行すべきことと、「ドイツのためにハインリッヒ・ヘルツは必要とされた」ことが確認されていた。しかし、記号Hzの命名の問題に関しては、1941年の夏になってもまだ決定は下されていなかった。1941年8月15日になって初めて、ミュンヘンの「総統邸[22]」のヒトラー執務室から電報で、「総統は周波数表記ヘルツを維持するのが望ましいと決定した」という命令が宣伝省に届いた。

周波数の単位としてヘルツの名前が生き伸びることが許される一方で、彼の名前は人目につくことがなくなり、多くの公的な生活の場から名前が消えた。ヘルツの名前にちなんだ通りが改称された。[23]

1928年に創設されたベルリンの「ハインリッヒ・ヘルツ振動研究所」は、1933年以降は、ただ単に「振動研究所」と呼ばれた。(24) ヘルツの生まれた都市もまた、国家社会主義の狂信者に配慮して、彼の名前の抹消《まっしょう》をはかった。1907年にハインリッヒ・ヘルツにちなんで名付けられたハンブルクのギムナジウムは、1935年以降、「レアルギムナジウム・アム・レヒテンアルターウーファー」と呼ばれるようになった。(25) ハンブルクの市庁舎では、市の有名な出身者のヘルツを思い出させる銘板が取り除かれた。

ヘルツが行った実験で世界史に名前を刻《きざ》むこととなったカールスルーエ工科大学では、評価と狂信的な人種差別が混在したような滑稽《こっけい》な状況が出現した。フィリップ・レナルトの弟子で、彼と同様に「アーリア人の物理学」というイデオロギーに染まっていたカールスルーエ工科大学の物理学者アルフォンス・ビュール(26)は、1888年のヘルツの発見五十周年の祝典の準備を契機として、カールスルーエ工科大学の学生に「特に民族上の制約を考慮したハインリッヒ・ヘルツの業績と活動」というテーマで懸賞論文を募集した。国家社会主義的な血統の定義によると、ヘルツの母方の祖先は「アーリア人」であったので、実験による彼の画期的な発見は何のためらいもなくこの血統によるものとされた。他方、レナルトとビュールの見解によって、ヘルツの「力学原理」の中で示された無意味で実りがないと宣言された理論は、父方の「ユダヤ人」の血統のせいであるとされた。要するに、「半ユダヤ人」のヘルツについては「アーリア人」研究者が有能であるとして、電磁波の発見という彼の偉大な実験上の業績を評価すると同時に、「力学原理」のような現実離れした理論については、「ユダヤ人」の遺産が現れたものとして厳しく非難することができたのであった。[27]

ヘルツが亡くなってから数十年が経ち、「第三帝国」の終焉《しゅうえん》とともに、ヘルツと彼の業績が再び広範な評価を得るようになったことから、「アーリア人の物理学者」といった狂信的な人種差別は、ヘルツへの追憶にとって何の意味も持たない奇妙なエピソードのように見えるかもしれない。狂信的な人種差別はハインリッヒ・ヘルツの名声だけでなく、彼の家族と親類縁者の生活を襲うようになった。まず、最初はヘルツの二人の娘の妹マチルダに影響が及んだ。マチルダ・ヘルツは1929年にベルリンのカイザー・ヴィルヘルム生物学研究所[28]で生物学者としてのキャリアを開始し、その後、ベルリン大学で教授資格と教育資格を取得した。いわゆる非アーリア人を公職から追放する「職業公務員の再雇用に関する法[29]」により、国家社会主義的な定義で「ユダヤ人」とされた祖父のせいで、まず彼女が解雇される立場に立たされた。それでも、カイザー・ヴィルヘルム協会[30]の会長マックス・プランクの仲裁で、例外規則によってとりあえず雇用が継続された。国家社会主義のドイツで、その後もマチルダ・ヘルツがキャリアを継続できるかどうかは極めて不確実であった。1936年1月、彼女は英国に移住し、その半年後には、姉のヨハンナと母親があとを追った。ハインリッヒ・ヘルツの甥でノーベル物理学賞受賞者のグスタフ・ヘルツ[31]も「職業公務員の再雇用に関する法」の対象となったが、例外規則のおかげでドイツでの研究は継続できた。ヘルツと名乗るほかの多くの人々にとって、ヘルツの名と結びついた「ユダヤ人」という烙印《らくいん》は、強制収容所と滅亡《めつぼう》を意味していた。

国家社会主義が終焉して十二年目、そしてハインリッヒ・ヘルツがハンブルクで生まれて百年目の年には、彼への追憶が新たな局面を迎えた。生誕百周年に向けた評価[32]とともに、ヘルツの人生と業績をこれまで以上に、より包括的に探究し、理解しようとする関心が高まった。遅くとも1888年の画期的な発見の百周年祝賀会[33]と展示会、――少なくとも彼の業績についての科学史的な取り組み――については大量に出版物があるという事態となった。特に、『力学原理』は科学の理論家と哲学者の関心を刺激した。物理学史家はヘルツが推測による二義的な解釈から電気力学理論を解放し、理論が今日通用するような形態になったプロセスをたどった。また、ヘルツの実験方法を後世の評価に曇らされずに再現するため、最大限で可能な限りオリジナルに忠実な形で彼の実験の再現が試みられた。

2007年、若くして亡くなったヘルツの生誕百五十年記念の科学史国際会議[34]がハンブルクで開催され、ヘルツのあらゆる創造面に焦点があてられた。ヘルツがルードヴィッヒ・ウィトゲンシュタインにどのような影響を与えたのかを議論し、そしてヘルツの方法論がアインシュタインに対してどのような役割を果たしたのかが検討された。「ヘルツから携帯電話へ―コミュニケーションの発展」という標語のもとで、ヘルツの発見によってどのような技術的な進歩を惹《ひ》き起こしたかということが展示された。

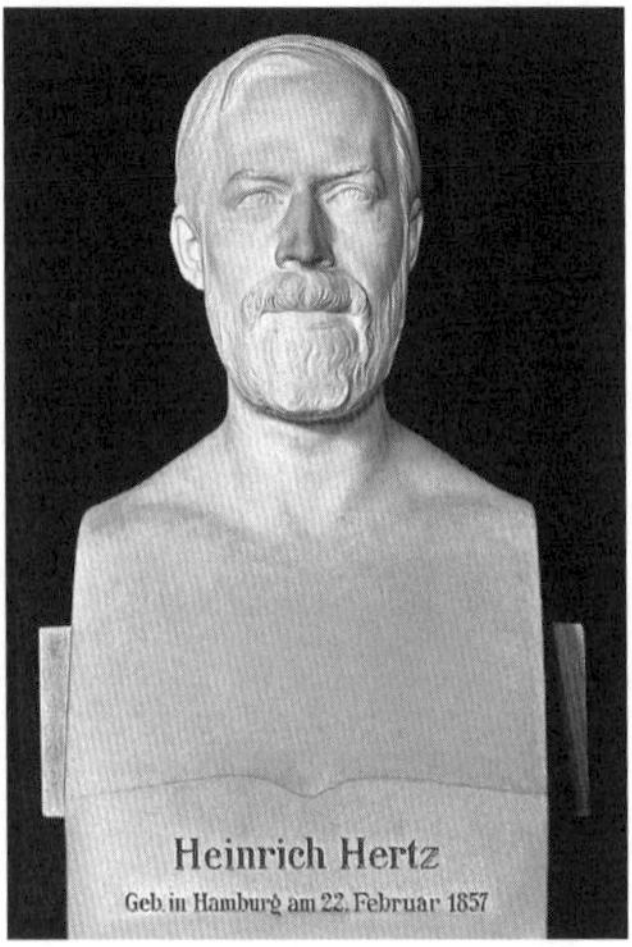


ドイツ博物館(35)の名誉ホールにあるハインリッヒ・ヘルツの胸像。ハインリッヒ・ヘルツの次女マチルダ・ヘルツのデザインにより彫刻家エルヴィン・クルツ(36)が制作し、1910年にドイツ博物館に譲渡された。

その後も、ハインリッヒ・ヘルツは科学史的な議論の機会を常に提供している。２００９年、ブダペストでの科学技術史の国際会議(37)でヘルツの力学が新たな講演の対象になった。また、別の講演で、ある物理学者は電磁波の伝播についてのヘルツの実験を現代の視点からどのように評価すべきかについて検討を加えている。さまざまな機会にハインリッヒ・ヘルツについて語られ、書かれ、あるいは展示されたすべてが批判的な吟味《ぎんみ》に耐えるという訳ではない。１９８８年の電磁波発見百周年記念でも、ヘルツは自身の発見の技術的な応用に何も関心がなかったという古い伝説が再び蒸し返された。科学史におけるほかの英雄と同様、ヘルツの業績についての大量の出版物には質の良いものも悪いものもある。しかし、それとは別に、二十一世紀になっても、なおハインリッヒ・ヘルツに対する関心(38)が継続していることは、「――中略――。そして、息子が偉大で優れた人物となり、世界でいくらか貢献しました」という、母親が百五十年以上も前にヘルツのためにゆりかごの中での切なる願いが叶えられたことを裏付けている。

# あとがき

歴史は人によって作られる。私の故郷の町の歴史はあらゆる階層の人たちによって作られた。人々は漁業、手工業、商業それに貿易や海運業などの出身であった。多くはエルベ川の街道やアルスター湖周辺に住んでいたが、ほかにオッテンセン、バルムベック、アイムスビュッテル、ハンマーブルークにも居住していた。多くは田舎の出であったが、労働者の移住もあった。世代交代を繰り返すうちに、何人かのハンブルク市民は常にハンブルクに多大な貢献をしてきた。今生きている子孫が同胞としての責任を自覚するうえで、それぞれの世帯の成功や失敗を思い起こすことは、現世代にとっては望ましいことと、私には思われる。

アルフレッド・リヒトヴァルクが、ハンブルクが一度、歴史を忘却したと非難したことは決して間違っていない。現在でも我々の歴史認識は不十分であり、ナチスの時代や戦争、それに爆撃による壊滅にまで遡《さかのぼ》るだけでは十分ではない。たしかに、明日のために、多くのそして大事なことをこの数十年の時代から学べることは間違いではないが、初めてのドイツの民主主義の試みが失敗したこと、それから得られた教えとその結果はどうなっているのであろうか。ワイマール時代のハンブルクの政治家、代議士そして市参事会員は、当時、民主主義的なドイツ帝国に対する責務を十分に果たしたのであろうか。当時、ハンブルクを一体誰が本当に統治していたのであろうか。なぜ、アルトナ、ハールブルクそしてヴァンツベックとの急を要した合併が実現しなかったのか。当時、「ブルジョア階級」と社会民主主義者とが市庁舎でどのような協力をしたのか。カール・ペターセンとオットー・ストルテンの業績がどのような点にあったのか、今日、誰が彼らに共通する業績とその結末から学ぶ用意があるのか。そもそも、そのことについて一体誰が知っているというのか。

一世代前、ハンブルクでは二人の実業家と一人の労働者の指導者が傑出していた。船主のアルベルト・バリーンと銀行家のマックス・ヴァルブルク、それに旋盤工マイスターのアウグスト・ベーベルであった。しかしながら、第一次世界大戦前の最後の二十年間、ハンブルクの多くの人々がヴィルヘルム二世の権勢欲の虜《とりこ》になったこと、そこから何を学んだか誰かまだ覚えているのであろうか。ドイツ帝国議会でほぼ四半世紀の間ハンブルクを代表していたベーベルが十九世紀に合計五年間監獄に入っていたことと、ベーベルの人生から何を学んだか誰か覚えているのであろうか。

千年以上にわたるハンブルクの歴史の中で、この都市は一度も公爵、神聖ローマ帝国の領主司教、選帝侯あるいは王の居所ではなかった。いかなる支配者も都市に大きくて華やかな通りや宮殿を建設しなかったし、また、いかなる領主も国立のオペラ劇場や大規模な美術館あるいは大学や大聖堂を建てなかった。権力者がいなかったにもかかわらずハンブルクが重要な都市になったのは、多くの市民の献身的な努力のおかげである。ここハンブルクには千以上の公益財団がある。その多くは、ライツ、ズィーマース、ズィーフェキング、ワルブルク、テプファー、ケルバー、オットー、グレーフェ、ブケリウスといった著名な名前が冠されている。それほど目立たない財団もあり、また、労働者の寄付でやっと費用を賄っている基金もある。

現在のハンブルク市民は都市が緊急に必要とするものを認識し、ついで市民としてイニシアチブを取るような人に出会うことが往々にあることを知る必要がある。このことは芸術、音楽、劇場、学校と科学にもあてはまる。自信のある多くのハンブルク市民は生粋の自由ハンザ都市の市民ではなく、もともとは他の地域からの出身者である。自由で、開放的で、本当に世界に開かれた都市の雰囲気は、外から大勢の重要な人物を引き寄せ、そして都市は彼らを一体化していった。このことはヘルベルト・ヴァイヒマン、イダ・エーレとマリオン・デンホフ、ロルフ・リーバーマンとルドルフ・アウグスタインなどにあてはまる。確かに、ヘンデル、レッシングあるいはブラームスはのちに再び立ち去っていき、多くの天才はハンブルクに一度も腰を落ち着けたことはなかった。しかし、彼らは、多くのデンマーク、オランダ、トルコ、またスペインからの商人や、ここに留まったフランスのユグノー派信者、イベリア半島のセファルディ系ユダヤ人と同じぐらい、都市に影響を与えたのであった。これらの人々はいずれも「共存し、共栄せよ」というハンブルクの人生哲学に寄与したのである。

しかし、将来においてもまた、この都市がその裕福さを簡単に犠牲にすることはないであろう。つまり、自足した快適さに満たされていくと、都市はプチブル根性に成りさがる可能性があるからである。むしろ、ハンブルクは明日そして明後日と、展望と判断力そして行動力を持った人物を常に必要としているのである。この点については、ハンブルクの歴史がすばらしい見本を示してくれるのである。この見本を今日の人々の意識の中にまで高めるために、ツァイト財団エベリンとゲルト・ブケリウスはハンブルクの偉大な人物シリーズを出版している。私たちは簡潔な評伝を通して、対象となった人物をその時代と、その歴史的な関係との中で紹介している。このシリーズでは二、三の人物が紹介されていないが、彼らについてはすでに科学的な批判と距離を置いて書かれた立派な評伝が存在するからである。現代の活動に際しては、私たちは過去における人的ミスや大災害に留意していなければならない。ハンブルク市民が当時、的確に危険を察知し、予防措置を講じていたら、十九世紀中頃のハンブルクの大火災や、同じ世紀の終わり頃のコレラの疫病も、それ程広範囲に及ぶ被害にはならなかったであろう。これは二十世紀中頃の洪水による大災害にも同じことが言えよう。

多くのハンブルクの家庭では、ナチス時代と戦争による重大な傷は忘れられていない。また、傷痕が後遺症として残っていることもやむを得ぬことである。私たちは過去の被害から未来に向けて、より賢明になる必要があるからである。丁度、私の友人のエリック・ヴァルブルクが言ったように、「我々ドイツ人は二度と再びこのように深く落ちることがないように、また、過度に高く登らないように気をつけなければならない」。彼はドイツへの愛国心からハンブルクに戻ってきたハンブルク生まれのユダヤ人の一人である。

ヘルムート・シュミット
管財委員会委員
ツアイト財団 エベリンとゲルト・ブケリウス

# 年表

| | |
|---|---|
| 1857 | ハインリッヒ・ヘルツ、ハンブルクで2月22日に誕生 |
| 1863 | 就学 |
| 1874 | ハンブルクの「ヨハネウム」校に進学 |
| 1875 | 卒業。フランクフルトの建設事務所での実習 |
| 1876 | ドレスデンの高等工業学校で建築の勉強を開始 |
| 1877 | 「一年の志願兵」としてベルリンの第一近衛鉄道部隊での軍務。ミュンヘンへの転居と物理の勉強を開始 |
| 1878 | ベルリンで物理の勉強を継続 |
| 1879 | 電気力学の懸賞問題への挑戦。「回転している球での誘導について」で博士論文 |
| 1880 | 「優」での博士号取得。ベルリン大学の物理学研究所でヘルマン・ヘルムホルツの助手 |
| 1883 | 大学教授資格論文「弾性固体の接触について」。キールでの私講師 |
| 1884 | 「物質の構造」についての講義 |
| 1885 | カールスルーエ工科大学の物理学の正教授に就任。婚約、破棄と神経症発症 |
| 1886 | エリザベス・ドールとの婚約、結婚。電気振動についての最初の実験 |
| 1887 | 長女、ヨハンナの誕生。「電気力学波」についての実験 |
| 1888 | 電磁波についての実験の継続と公表 |

1889　最初の国内、国際的な科学的な表彰。ボン大学の物理学の正教授に就任
1890　「電気力学の基礎方程式について」の論文。ロンドン王立協会のランフォード・メダル
1891　次女、マチルダの誕生。「力学原理」の研究を開始
1892　副鼻腔、上顎洞と中耳の炎症
1893　「力学原理」についての本の原稿完成。持続性の感染による敗血病
1894　ハインリッヒ・ヘルツ、ボンにて1月1日死去

# 出典と文献

ハイリッヒ・ヘルツの手紙や日記から引用した部分は、長女ヨハンナ・ヘルツが出版した『思い出』による。ハンブルクの歴史に関しての引用は、『ハンブルクの歴史と住民』の第一巻による。その他のオリジナルの出典はヘルツ全集、アルブレヒト・フルズィングが出版した『力学原理』ならびに同じ著者が編纂したハインリッヒ・ヘルツの詳細な伝記を利用したが、特に伝記は一層の理解のための読み物として推賞に値する。国家社会主義時代のHzの呼称に関する論争については『二十世紀のドイツの歴史、１９３３年より１９４５年の間の国家社会主義、ホロコースト、反抗と反乱（De Gryuter出版刊）』に収録された国家社会主義ドイツ労働党（ＮＳＤＡＰ）党本部公式文書を活用した。

(https://emedial.bsb-muenchen.de/han/DGO/db.saur.de/DGO/welcome.jsf)


- ベアード、ディヴィス、ヒューズ、R.I.G. ノルドマン、アルフレッド（編集）ハインリッヒ・ヘルツ『古典物理学者　現代の哲学者』（ドルトレヒト、１９９８年）
- ブーフバルト、ジェドZ『科学効果の創出 ハインリッヒ・ヘルツと電気波』（シカゴ １９９４年）
- カーハン、デーヴィッド『ドイツ物理学の制度改革、１８６５～１９１４』(Historical Studies in the Physical Sciences, 1985, 5, s.1-65.)
- フルズィング、アルブレヒト『ハインリッヒ・ヘルツ』（ハンブルク、１９９７年）
- ハンブルク『都市の歴史と住民』ウェルナー・ヨックマンとハンス・ディーター・ルース編、第一巻、都市の始まり

からドイツ帝国の建国まで（ハンブルク、1982年）
・ハインリッヒ・ヘルツ『全仕事』全三巻（フィリップ・レナルト編集、ライプツィヒ1894〜1895年）
・ハインリッヒ・ヘルツ『思い出、手紙、日記』（ヨハンナ・ヘルツ、ライプツィヒ、1927年、編集 マチルダ・ヘルツとチャールズ・ジェスキント、バインハイム、1977年）
・ハインリッヒ・ヘルツ『物質の構造―1884年での物理学の基礎についての講義』（アルブレヒト・フェルジング編集、ベルリン、1999年）
・リュツェン、ジェスパー『力学イメージの幾何学化』（オックスフォード、2005年）
・オハラ、ジェームスとプリチャー、ヴィリバルト『ヘルツとマックスウエリアン』（ロンドン、1987年）
・ジェスキント、チャールズ『ハインリッヒ・ヘルツ――短い生涯』（サンフランシスコ、1995年）
・ヴォルフシュミット、グードルーン（編集）『ハインリッヒ・ヘルツ（1857〜1894）とコミュニケーションの発達』国際シンポジウム集、ハンブルク、10月8〜12日、2007（=Nuncius Hamburgenesis、自然科学の歴史集十巻）（ノルダーシュテット、2008年）

# 写真・さし絵の出典

- プロシャ文化財財団フォトエージェンシー（bpk），ベルリン（p.22, 35, 36, 38, 58, 136）
- 付属図書館（Commerzbibliothek）／ハンブルク商工会議所アーカイブ（p.15）
- 写真はミュンヘンのドイツ博物館（p.viii, 9, 25, 30, 45, 96, 102, 114(下), 125, 131, 142, 186）
- ベルリン大学図書館／フンボルト大学の資料と出版物サーバー／ハインリッヒ・ヘルツ（p.50）
- ピクチャーアライアンス／ドイツ通信社，フランクフルト・アム・マイン（p.88, 167）
- ドレスデン工科大学アーカイブ（p.24）
- http://wetterwechsel.files.wordpress.com/2008/08/vilhelm_ung.jpg (p.162)
- ウィキメディア・コモンズ（p.70(上), 98, 106）
- ジェド Z・ブッフバルト著『科学的の効果の創出 ―ハインリッヒ・ヘルツと電気波』シカゴ 1994（p.114(上)）
- デーヴィッド・カーハン著『計測のマイスター ―ドイツ帝国の物理工学研究所』バインハイム 1992（p.36）
- アルブレヒト・フルズィング著『ハインリッヒ・ヘルツ』（p.94, 99）
- ゲアハルト・ヘルツ著『ハインリッヒ・ヘルツ ―発見の個人的経歴と歴史的背景』（フリデリチアナ，カールスルーエ大学学報，41巻，1988）（p.8, 10, 16, 115）
- ハインリッヒ・ヘルツ 著『物質の構造』（p.70(下), 76）
- 同上『思い出』（p.101, 124）
- 同上『全仕事』第二巻（p.115, 120(上下)）

- カバーポートレート ：1890年頃のハインリッヒ・ヘルツ（ハンブルク市アーカイブ）

# 訳者あとがき

本書は、Michael Eckert：Heinrich Hertz (Ellert & Richter Verlag, 2010)『ハインリッヒ・ヘルツ』（エラート&リヒター社刊、2010年）の全訳です。原著はドイツ語で書かれており、1888年に電磁波の存在を実験的に検証したドイツの物理学者、ハインリッヒ・ヘルツの生涯と業績を簡潔に描き出したものです。

現在、私たちはテレビを見て、インターネットを利用し、また携帯電話を使い豊かな生活を営んでいます。このように生活に広く根ざした多くの情報機器の根幹を成しているのが電磁波を用いた技術であります。1888年、ヘルツはイギリスの物理学者マクスウェルが1865年に理論的に予測した電磁波を、巧みな実験によってその存在を実験的に検証しました。2013年は電磁波の存在を検証してから丁度百二十五年目にあたりました。2014年はヘルツが亡くなってから百二十年でした。また、2017年は生誕百六十年になります。

訳者がこの本に出会ったのは、インターネットで偶然目にしたことであります。早速購入して本を開いていきますと興味を引く写真が数多く掲載されており、ヘルツが亡くなったあと、ヘルツの業績は時代にもまれ、ナチスの時代には半ユダヤ人とされ、業績の抹殺がはかられ、またヘルツの親族がどのように扱われたか、現在、周波数の単位として使われているヘルツ「Hz」がどのような経緯で決められたかなど、日頃、あまり目にし、耳にすることのないことが書かれておりました。

そこで、翻訳を思い立ち、早速着手しました。着手してから仕上げるのにほぼ二年半の時間が必要でありました。この間、著者のエッケルト氏にはEメールで疑問点について質問を、また、ドイツ博物館のステファン・ヴォルフ博士にも残された夫人と二人の娘の生涯について重要な情報を提供していただきました。

ヘルツの生涯を簡単に紹介します。ハインリッヒ・ルドルフ・ヘルツは、1857年2月22日にドイツ、ハンブルクで弁護士の父親グスタフと、フランクフルト出身の母親アンナ・エリザベスの長男として生まれています。父親の家系は祖父の代にユダヤ教からプロテスタントに改宗し、母親はプロテスタントの家系でした。弁護士の息子は、1875年にハンブルクのギムナジウムのヨハネウム校で大学入学資格に合格し、最初は建築技師になる希望を持ち、フランクフルトの建築事務所、その後、ドレスデン、ミュンヘンで建築の勉強をしています。その後、物理学に情熱を注ぐことになり、ミュンヘン、ベルリンの各大学で勉強を積み、ベルリン大学では「物理学の帝国宰相」と呼ばれたヘルムホルツとの運命の出会いがあり、1880年に博士号を取得しています。1883年、二十六歳の若さでキール大学に向かっています。1885年5月にはカールスルーエ工科大学へ移り、そこで同僚の娘と結婚し、二人の娘をもうけました。1887年、光が火花の放出に影響する現象を見つけ、これを「放電に対する紫外線の作用について」という論文にまとめています。今日、これは光電効果についての最初の実験と言われています。1888年には、電磁波の存在を実験的に明らかにした論文を発表して行きます。1888年には、ボン大学の正教授となり、電磁波の実験的な検証により世界的な名声を得ながら、1889年4月には、マクスウェル理論についての研究を進め、理論の混乱を整理し、今日、我々が目にする電磁気学の基本方程式を導き出しています。1892年以降、鼻腔の腫れ、耳の痛みなどに襲われ、ヘルツは病気と闘い、体力の回復を試みていますが、回復が次第に困難となっていきました。病気と闘いながら、力学についての考察を加えていき、『力学原理』を著し、1894年1月1日、ヘルツは敗血症で亡くなりました。

翻訳原稿を取りまとめ出版に至るまでにはハンブルクの名誉領事を務めている小坂節雄氏の協力を得ました。同氏は共訳者ともいえるほど懇切丁寧に校閲を行ってくださいました。それでもなお残る誤りなどはすべて訳者の責任であります。ドイツ、フライブルク大学文献学部博士課程在籍中の長谷川晴生氏、竹中工務店の山崎慶太氏には、翻訳にあたって力添えを頂き、編集には東京電機大学出版局の吉田拓歩氏の手を煩わせました。

翻訳に取り掛かり章ごとの翻訳を終わるたびに不十分な翻訳の原稿に貴重なご意見を頂いた東京大学名誉教授上野照剛、熊本大学名誉教授入口紀男ならびに熊本県庁山口喜久雄氏に感謝します。また、(一財)電力中央研究所の斎藤淳史、高橋正行、中園聡各氏には翻訳原稿を通読していただき、ご意見をいただきました。あわせて深く感謝します。

また、本書では多くの訳注を設けました。ヘルツが生きた時代とその後の時代はドイツの物理学が輝いていた時期そのものであります。そのため、訳注をできるだけ多く、また詳細に述べることでヘルツの生涯と業績に加え、十九世紀後半から二十世紀にまたがる時代の物理学の流れも理解できるようにしました。また、翻訳にあたって明らかに誤りと思われるところは原著者に確認のうえ、訳者の責任において修正しました。さらに、本文を読みやすくするために数箇所、改行を設けたことを付記しておきます。

原著が書かれてからのちのヘルツに関わる出来事を述べておきます。まず、２０１３年12月２日、電磁波の発見百二十五周年を記念した記念切手ならびに記念硬貨が発行され、カールスルーエ工科大学では記念式典が開かれました。２０１４年12月５日には、米国の電気電子学会（ＩＥＥＥ）がヘルツの電磁波発見をマイルストーンとしてカールスルーエ工科大学で記念のブロンズの銘版を設置して顕彰しました。このように二十一世紀になってからもヘルツの業績は多くの人々との注目を集めています。

周波数の単位としてのヘルツの略称、「Hz」は広く世の中に知れ渡っていますが、その名称の由来となったハインリッヒ・ヘルツの人生と業績はほとんど目にすることはありません。今回、ミヒャエル・エッケルト氏が書かれた本書によりハインリッヒ・ヘルツがどのような時代を生き、どのように人生を送った人物であるかを知ることになるのではないでしょうか。

原著者のミヒャエル・エッケルト氏は、１９４９年にミュンヘンで生まれ、バイロイト大学にて理論物理の研究で学位を取得しています。取得後には物理学の歴史と科学ジャーナリズムに興味を移し、ミュンヘンのドイツ博物館で自然科学・工学の歴史家として研究に従事し、原子物理学、固体物理学の歴史から流体力学の歴史についての多くの著書があります。

最後に、本書は「ハンブルクの頭脳」叢書シリーズの一冊として出版されています。叢書シリーズは、２０１５年11月10日、九十六歳で亡くなったハンブルク生まれの元西ドイツ首相ヘルミュート・シュミット氏の提案により発行されています。本シリーズではハンブルクにゆかりのある歴史上の重要な人物の生涯と業績をわかりやすく紹介し、ハンブルク、ひいてはドイツの歴史を語っています。１９９９年の発刊以来、ヘルツやブラームスを始めとして四十名ほどの人物が紹介されています。

２０１６年夏

重光　司

# 訳注

## 第一章　プロローグ

（１）アンナ・エリザベス・ヘルツ（１８３５～１９１０）はハインリッヒ・ヘルツの母親である。

（２）グルエルモ・マルコーニ（１８７４～１９３７）はイタリアの電気工学者。電磁波を用いた通信装置を開発し、大西洋横断の無線通信を成功させて二十世紀の通信時代を拓いた。マルコーニは無線通信の開発に対する貢献でブラウン管を発明したブラウン（１８５０～１９１８）と一緒に１９０９年度のノーベル物理学賞を受賞した。また、１９３３年にはアメリカからの帰途の途中、日本に寄港している。（参考）デーニャ・マルコーニ・パレーシュ著『父マルコーニ』（御船佳子訳、東京電機大学出版局、２００７年）。

（３）当時のイギリス、アイルランドのコーンウォールに建てられたボルデュ局に設置された電波塔のこと。無線通信の大西洋横断の成功のときには、フレミングの法則で有名なフレミング（１８４９～１９４５）がマルコーニのイギリス無線通信会社の技術顧問を務めていた。（参考）Fleming A著『Fifty years of electricity-The memories of an electrical engineer』（The Wireless Press, LTD, 1921）。

（４）コーンウォールのボルデュ局からカナダのニューファンドランド島のセント・ジョンズの間で、１９０１年12月12日に大西洋横断の無線通信に成功した。当初、この実験は不可能と考えられていたが、１９０２年には電離層（ケネリー・ヘヴィサイド層）が発見され、電波の屈折により、電波は地球を一周できることが説明された。ニューファンドランド島はニューファウンドランド犬の原産地である。

（5）ハンブルクは自由ハンザ都市でエルベ川の下流に臨んでいるが、河口から百キロメートルほど入っており最大の貿易港がある。1810年、ナポレオン戦争でナポレオン一世に占領されるが、ナポレオン軍が退去した後にハンブルクは自由都市になり、1815年ドイツ連邦に加盟した。その後1842年に見舞われた大火災を経て、現代のハンブルクが形成されていく。第二次世界大戦では連合軍の大規模な空爆を受け、都市として壊滅的な破壊を受ける。我が国からは普仏戦争直後の1873年初夏、岩倉使節団の一行がハンブルクを訪ねている。1857年生まれのヘルツが幼少時を過ごした時代のハンブルクの雰囲気を使節団の報告より垣間見ることができる。1871年でのハンブルクの人口は約三十五万人である。（参考）久米邦武 編『特命全権大使・欧米回覧実記（四）』（田中彰 校注、岩波文庫、岩波書店、1980年）。

（6）1907年にハインリッヒ・ヘルツ実業学校として創立した。その後ナチスにより閉鎖された。第十四章訳注（25）も参照。

（7）ハンブルクにあるテレビ塔で、ヘルツにちなんで1966年から2年をかけて建設された。高さは約二百八十メートルである。

（8）ハインリッヒ・ヘルツを記念したものとして、1897年ハンブルクの市庁舎にはレリーフが、アイヒェン公園には1931～33年に彫刻像が設置された。これらのレリーフと彫刻像はヒトラーのナチス時代に撤去されたが、第二次世界大戦後には修復され、再設置された。1987年には米国の電気電子学会がハインリッヒ・ヘルツ賞を設けた。1994年にはヘルツ没後百年の記念切手が、2013年には電磁波の発見百二十五周年を記念して記念切手ならびに記念硬貨が発行されている。第十四章訳注（38）も参照。

（9）ヘルツ波は電磁波のこと。ヘルツが電磁波の存在を実験的に検証したことから、当初ヘルツ波と呼ばれた。

(10) フランツ・アントン・メスメル（1734〜1815）はドイツの医師。ボーデン湖近くスイスとの国境の町イツナングで生まれた。ウィーンで医師の免許を取得した後、フランス革命前のパリに現れ、磁気催眠術による治療でパリ中を賑わした。メスメルが唱えた動物磁気による治療がメスメリズムと呼ばれるようになっていく。また、音楽には玄人なみの素養があり、ハイドン（1732〜1809）、モーツァルト（1756〜1791）などのパトロンであった。（参考）ジャン・チュイリエ著『眠りの魔術師メスマー』（高橋純・高橋百代訳、工作舎、1992年）。

(11) メスメルが医師の免許を取得した時の論文が「惑星の影響」であり、これをきっかけとしてメスメルは動物磁気の概念を展開していく。パラケルスス（1493（94）〜1541）の思想やニュートン（第四章訳注(27)参照）の万有引力の考えなどを取り入れ天体、地球、生物の相互作用を円滑にする流体、これは磁石が持っているものと同じとし、ヒトの体の中でこの流体の循環のバランスが壊れると病気になり、磁石をあてることで流体の循環のバランスが元に戻り病気が治るとした。1784年、フランス政府が設けた調査委員会（ラヴォアジェ（1743〜1794）、フランクリン（1705〜1790）、ギヨタン（1738〜1814）などが委員）によって動物磁気説が否定された。

(12) 磁気治療はメスメルが動物磁気によって施した治療のこと。メスメルと親交のあったモーツァルトの歌劇「コジ・ファン・トゥッテ（女はみなこうしたもの、または恋人たちの学校）」（1790年初演）に、磁気治療を施す場面がある。（参考）礒山雅著『モーツァルト』（ちくま学芸文庫、筑摩書房、2014年）。

(13) 1820年にハンス・クリスチャン・エールステズ（1777〜1851）が見つけた現象で、電流の磁気作用として電磁気学の基礎を築くことになる発見であった。この発見はアンペールやファラデーが電気力学の研究に専念するきっかけとなった。エールステズはデンマークの物理学者で、バルト海に浮かぶランゲ島の薬剤商の息子として生まれ、のちにコペンハーゲン大学教授になる。デンマークの童話作家ハンス・クリスチャン・アンデルセン（1805〜1875）との交流は有名である。

(14) 電磁誘導は1831年にマイケル・ファラデーによって発見された現象である。磁場が時間的に変化する場所では必ず電流が生じること。電磁誘導は発電機、変圧器などの動作原理となっている。電磁誘導現象を初めて発見したのはアメリカのヘンリー(1797〜1878)で1830年のことであるが論文の発表が遅く、独立に現象を見つけたファラデーの発表が先になった。

(15) マイケル・ファラデー(1791〜1867)はイギリスの化学者・物理学者。労働者階級生まれで十分な学問を身につけていなかったが、1813年に王立研究所デイヴィー(1778〜1829)の助手となる。その後、ファラデーはデイヴィー教授の後を継いで王立研究所で生涯研究者として研究に従事した。1831年、電気時代の幕開けとなった電磁誘導現象を見い出した。電磁誘導を含め自然科学の基礎をなす数多くの重要なことを発見した。(参考)ジョン・ティンダル 著『発見者ファラデー』(矢島祐利 訳編、現代教養文庫787、社会思想社、1973年)。ハミルトン著『電気事始め―マイケル・ファラディの生涯』(佐波正一 訳、教文館、2010年)。米沢富美子 著『人物で語る物理入門(上)』(岩波新書、岩波書店、2005年)。

(16) ジェームス・クラーク・マクスウェル(1831〜1879)はイギリスの物理学者。スコットランド、エディンバラの裕福な家庭に生まれ、ケンブリッジ大学を優秀な成績で卒業し、アバディーン大学、ロンドンのカレッジで自然哲学の教授を歴任した。その後スコットランドの田舎にある自分の荘園で電磁気現象の数学的な基礎付け、気体運動論の研究に従事した。1871年にはケンブリッジ大学の物理学教授となり、キャベンディシュ研究所を創設し、所長としてキャベンディシュ(1731〜1810)の遺稿編集を行う。(参考)カルツェフ著『マクスウェルの生涯』(早川光雄・金田一真澄 共訳、東京図書、1976年)。米沢富美子 著『人物で語る物理入門(上)』(岩波新書、岩波書店、2005年)。

(17) 「ハンブルクの頭脳」叢書シリーズは元西ドイツ首相のヘルムート・シュミット(1918〜2015)の提案に

より発行されている。本シリーズはハンブルクで生まれ育ち、またはゆかりのある政治家、事業家、科学者、芸術家の人生の歴史をわかりやすく紹介している。このシリーズではこのようなハンブルクに関係する著名な人物の人生の歴史を通してハンブルクならびにドイツの歴史を語ろうとも試みています。１９９９年以来、約四十名のハンブルクにゆかりのある人が取り上げられ、ハインリッヒ・ヘルツ、ブラームス（１８３３〜１８９７）などが含まれている。出版はツァイト財団エベリンとゲルト・ベケリウスが行っている。なお、シュミットは『ツァイト』誌の共同編集者でもあった。

## 第二章　自由ハンザ都市の伝統

（1）ハインスはハインリッヒ・ヘルツの呼び名。

（2）ヴォルフ・デビッド・ヘルツ（１７９７〜１８６３）は銀行家ソロモン・オッペンハイム（１７７２〜１８２８）の娘ベティー・オッペンハイム（１８０２〜１８７２）と結婚し、ヘルツの父グスタフ・ヘルツ（１８２７〜１９１４）をもうける。また、キリスト教に改宗した際にハインリッヒ・デビッド・ヘルツと改名した。

（3）ナポレオン・ボナパルト（１７６９〜１８２１）は１８０４年にフランス皇帝に即位し、敗北する１８１５年までイギリス、ロシア、プロイセン、オーストリアと戦った。これはナポレオン戦争（１８０３〜１８１５）と呼ばれ、１８１０年から１８１４年にかけてハンブルクはフランス軍に占領された。１８１４年のナポレオン軍の退去後、１８１５年にハンブルクは再度ドイツ連盟に加入した。なお、ロシアの作家トルストイ（１８２８〜１９１０）の有名な『戦争と平和』はこのナポレオン戦争を舞台にした大河歴史小説である。

（４）写真で両親を挟んで左からヘルツの弟、グスタフ（１８５８～１９０４）で父親の跡を継いで弁護士になった。母親に抱かれているのはオットー（１８６７～１８８４）で十七歳の誕生日直後に亡くなった。テーブルに肘を突いているのがハインリッヒ・ヘルツ。椅子に座っているのはルドルフ（１８６１～１９３３）で、グスタフと同様に父親の跡を継ぎ弁護士になった。本写真の撮影後、妹メラニー（１８７３～１９６６）が生まれている。メラニーは１９０２年に画家カイザー（１８６９～１９４２）と結婚し九十三歳まで長生きした。

（５）エルンスト・バーシェ（１８６１～１９４７）を指す。ハンブルクで評判の商人の家庭に生まれ、ヘルツと同じヨハネウム校を卒業した。ベルリン、テュービンゲン及びマールブルクの各大学で歴史、地理、経済などを学ぶ。その後、ハンブルク商工会議所の付属図書館に勤め、ハンブルクを中心とした自由ハンザ都市の歴史を研究。本文の引用はBaasch 著『Geschichte Hamburgs. Bd.1』（Gotha und Stuttgart、1924）より。

（６）自由ハンザ都市は北ドイツを中心としたハンザ同盟を構成していた都市。ドイツではリューベック、ハンブルク、ブレーメンなどが同盟を結び二十世紀まで存続した。また、それぞれの都市が自主性を保ったことから自由ハンザ都市として名を残している。最盛期にはベルギーからエストニアまでの百六十の都市が参加していた。

（７）リューベックはバルト海に面する北ドイツの都市で、自由ハンザ同盟を構成していた。旧市街は世界遺産に登録されており、ホルステン門が有名である。また、１８７１年時点での人口は約五万人である。ノーベル文学賞を受賞したトーマス・マン（１８７５～１９５５）はリューベック生まれであり、大河小説『ブッデンブローク家の人々』はリューベックにおけるトーマス・マンの一族がモデルである。

（８）ブレーメンは自由ハンザ都市ブレーメンの州都で、他のハンザ都市と同様に、ナポレオンに占領（１８１０～１８１４）されたが、解放後十九世紀の海洋貿易の中心地となる。１８７１年での人口は約十二万人を要していた。マルクト広場には中世文学『ローランの歌』に登場する英雄ローラントを象った「ローラント」像があり世界遺産に登録されている。市庁舎脇にはグリム童話で有名な「ブレーメンの音楽隊」像がある。

(9) ソロモン・オッペンハイムはボン生まれでユダヤ人の銀行家である。２００９年ドイツ銀行に買収されたソル・オッペンハイム銀行の設立者。２００５年以降、オッペンハイム家は経営から身を引いている。

(10) ベティー・オッペンハイムはソロモン・オッペンハイムの娘でヘルツの祖父ヴォルフ・デビッド・ヘルツと結婚した。

(11) グスタフ・ヘルツはヘルツの父親でハンブルクの法律家ならびに弁護士で１８７７年から裁判官を、１８８７～１９０４年の間、市の参事会員を務める。１８３４年にユダヤ教からプロテスタントに改宗した。

(12) アンナ・エリザベス・ペッファーコーンは二十一歳の時にグスタフ・ヘルツと結婚し、幼くして亡くなった二人を含め七人の子供をもうけた。アンナ・エリザベスはオーストリア・バイエルン守備隊の軍医も兼ねていたフランクフルト・アム・マインの医師ペッファーコーン（１７９３～１８５０）の娘である。

(13) ナポレオン戦争時の１８１０年から１８１４年の間、ハンブルクはフランス領であった。ここではこのフランス領であった期間を「フランス人の時代」と述べている。ナポレオン軍の撤退後の１８１５年に、ハンブルクはハンザ同盟の一員として再度自由ハンザ都市となり、ドイツ連邦に加盟した。

(14) ミューズはギリシャ神話で文芸をつかさどる女神。

(15) メリクリウスはローマ神話に登場する最高の神の一人で商人や旅人の守護神。

(16) 大天使聖ミカエルの日で9月29日を指す。ミカエルはユダヤ教、キリスト教、イスラム教でもっとも偉大な天使の一人で、カトリック教会はミカエルを「大天使聖ミカエル」と呼んでおり、9月29日は祝日となっている。ジャンヌ・ダルク（１４１２～１４３１）に神の啓示を与えたのがミカエルとされており、フランスの観光地で有名なモン・サン・ミシェルの聖天使がミカエルである。

(17) ヴィヒャルト・ランゲ（１８２６～１８８４）はドイツの教育者。ハンブルクを拠点として幼稚園、組合活動などを通してハンブルクの教育改革運動に参加した。

(18) ヨハン・ハインリッヒ・ペスタロッチ（1746～1827）はスイスのチュリッヒに生まれ、チュリッヒ大学に学び、貧農を救助する農場などの経営、孤児や貧民の子供の教育のための学校を設立するなど、初等教育の実践に多大な貢献をした。

(19) ヨハネウム校は1529年創立のハンブルクでもっとも古いギムナジウム。ドイツの建築家で技師のフォールスマン（1795～1879）のデザインにより建築家のヴィムメル（1786～1845）が1840年に新しく設計・建築し、1914年まで校舎を使用した。1914年にはマリアールイジーエン通りに移転した。多くの政治家や科学者を輩出しており、ハインリッヒ・ヘルツの父親のグスタフ・ヘルツが卒業している。フランスのジュール・ベルヌ（1828～1905）のSF小説『地底旅行』の主人公リーデンブロック教授はハンブルクのギムナジウムのヨハネウム校で鉱物学の教授として描かれている。

(20) これはヘルツのヨハネウム校の卒業証明書で、大学入学資格試験に合格したことを証明している。二年間の家庭教師との勉強ののち、ヨハネウム校の最終学年（Overprima 第九学年）に1874年の復活祭後に編入し、1875年3月2日にに卒業資格を取った。卒業証明書では卒業生の指名、生年月日などが書かれ、またヘルツの出席は規則正しい、態度・振る舞いは優ならびに勉強も優と評価されている。

(21) グスタフ・ヘルツはヘルツの弟で父親の跡を継いで弁護士になる。1925年にノーベル物理学賞を受賞したグスタフ・ヘルツ（1887～1975）の父親である。

(22) ハンブルクの大火災は1842年5月5日から8日にかけて、ハンブルクの旧市街が壊滅した大規模な火災のこと。証券取引所や市庁舎などが延焼した。再建時にはインフラの近代化がもたらされ、現代のハンブルクが形成されていった。

（23）フリッツ・シューマッハー（１８６９〜１９４７）はドイツの建築家。ハンブルクの都市プランナーとして都市計画と建築設計に従事し、都市の緑化を考え多くの公園を設計した。ドレスデン工科大学教授を歴任。

## 第三章　エンジニアか、物理学者か

（１）１８７５年４月１日に建築技師の勉強を開始したフランクフルトには親戚として母親の兄妹が住んでいた。母親の兄でヘルツの伯父のルドルフ・ペッファーコーン（１８２６〜１８８３）が弁護士でおり、また母親の三人の姉妹マリー（１８３０〜?）、フリーデリーケ（１８４１〜１９１８）、ヨハンナがいた。ヨハンナは体が弱く結婚はしなかったが、フリーデリーケはバーデン大公国の上級森林管理官になったフローリッシュ（１８２９〜１９０９）と結婚した。二人の叔母は共にカールスルーエでの大公選民に、マリーはのちにフランクフルトの弁護士で議員になったエミール・フォン・オーベン（１８１７〜１９０３）と結婚した。なお、１８７１年、フランクフルトの人口は約九万人であったが、１９１０年には約四十一万人と増加している。

（２）エウリピデス（４８０〜４０６ＢＣ）はギリシャ三大悲劇詩人の一人。作品は『メディア』、『オレステス』など。

（３）プラトン（４２７〜３４７ＢＣ）は古代ギリシャの哲学者。ソクラテス（４７０〜３９９ＢＣ）の弟子でアリストテレス（３８４〜３２２ＢＣ）の師にあたる。プラトンの思想は西洋哲学の源流を成している。『ソクラテスの弁明』、『国家』などの主著は日本語に訳されており、『国家』は（藤沢令夫訳、岩波文庫、岩波書店、２００９年）などで読める。

（４）ポーゼンはポーランド最古の都市の一つで十八世紀後半プロイセンに併合され、１８７１年には人口は約五万五千人ほどであった。第一次世界大戦後にポーランド領になる。ドイツ、ヴァイマル共和国の第二代大統領ヒンデンブルク（１８４７～１９３４）、詩人カール・ブッセ（１８７２～１９１８）の出身地である。今のポーランドの工業都市ポズアナのこと。

（５）フリードリッヒ・アドルフ・ヴュルナー（１８３５～１９０８）はドイツの物理学者。ボン、ミュンヘン各大学で物理学を学ぶ。アーヘン工科大学で実験物理学教授。陰極線の研究に携わった。

（６）ウィーン万国博覧会は１８７３年5月1日より10月31日にわたって、初めて公式参加した我が国を含め三十五か国が参加して開催された博覧会である。我が国の岩倉使節団が１８７３年6月、ウィーン滞在中に博覧会場に出掛けて各国の展示館を見学している。我が国からは漆器、陶器、染皮などが出展され独特の技術で評判を得ている。博覧会のようすは久米邦武が取りまとめた岩倉使節団の報告から詳しく見ることができる。１８７１年のウィーンの人口は約八十三万人である。（参考）久米邦武 編『特命全権大使・欧米回覧実記（五）』（田中彰 校注、岩波文庫、岩波書店、１９８２年）。

（７）ジョン・ティンダル（１８２０～１８９３）はイギリス、アイルランド生まれの物理学者。１８４８年ドイツに渡り、ブンゼン（１８１１～１８９９）のもとで化学を勉強し、マールブルク大学に入学し、１８５０年ベルリン大学でマグヌス（１８０２～１８７０）について物理学を学ぶ。１８５１年イギリスに戻り、１８５３年ファラデーの後を継いで王立研究所の教授となる。ティンダルはティンダル現象で有名で結晶の磁気的性質などの研究。科学的啓蒙に多大な貢献をした。アルピニストとしても有名で、『アルプスの氷河』及び『アルプス紀行』（矢島祐利 訳、岩波文庫、岩波書店、１９４８年及び１９５５年）の著書がある。

（８）タイトルは『Heat as a mode of motion』で出版社はD.Appleyon & Company, New York, 初版が１８６３年。

（９）ドレスデンはザクセン州の首都、エルベ川沿いでベルリンの南百八十キロメートルに位置する歴史的な建造物が集積した美術の都市であった。ヘルツが勉学のために訪れる少し前、１８７１年当時の人口は約十八万人ほどであり、

1910年には約五十五万人へと急激な人口の増加がみられた。第二次世界大戦では連合軍の空爆により都市の中心部はほぼ壊滅したが、戦後は東ドイツ領として発展した。1990年の東西ドイツの統一により歴史的な建造物の再建が進んでいる。古くはイタリア芸術の影響を受け、2004年にはドレスデン・エルベ渓谷が世界遺産になったがエルベ川をまたぐ橋が計画されたために、2009年世界遺産から取り下げられた。

(10) ドレスデンの高等工業学校は1828年に工業教育施設として設立され、1871年に高等工業学校に格上げされ、1929年にはドレスデン工科大学になった。1945年には大空襲により破壊されたが、1946年に再開校した。日本から、八木・宇田アンテナで有名な八木秀次（1886～1976）が、教授のバルクハウゼン（1881～1956）のもとで学んだ。八木はイギリスのフレミング教授にも学んでいる。

(11) ゴットフリート・ゼムパー（1803～1879）はドイツの建築家。ハンブルク近くのアルトナで生まれた。イタリアでルネサンス期の建築物などに触れ、1834年にドレスデンのザクセン芸術学校の教授となり、音楽家リヒャルト・ワーグナー（1813～1883）と親交を結ぶ。ハンブルク大火災後の都市再建にも貢献。代表作にドレスデンの歌劇場がある。

(12) エルベのフィレンツェ。ドレスデンはザクセン王国の首都として、ドイツ第二の川のエルベ川沿いに位置して繁栄してきた。第二次世界大戦の空襲で破壊されたが、現在歴史的建造物の再建中である。バロックの歴史的建造物、芸術品などにより「エルベのフュレンツエ」と呼ばれ、文豪ゲーテ（1749～1832）もドレスデンをたびたび訪れている。ヘルツは1876年4月1日よりドレスデン工業高等学校で建築の勉強を行った。

(13) エマヌエル・カント（1724～1804）はドイツの哲学者・思想家。ケーニヒスベルクで生まれ、ケーニヒスベルク大学で数学、哲学や自然科学を学び、同大学教授ならびに総長を務める。カントは非常に規則正しい生活を送ったとされている。ドイツ古典主義哲学の代表である。『純粋理性批判』（中山元 訳、光文社古典新訳文庫（全七巻）、光文社、2010～2012年）は哲学書でもっとも難解な書といわれる。

（14）ドイツ帝国での一年間の志願兵。一般の兵役として現役期間は三年であるが、それと別に一定以上の学歴がある者は自分で装備を準備して、また在営期間の費用も自己負担することで一年間の志願兵となる制度があった。この一年間の志願兵を終了すると予備役の将校になる資格が得られた。これは一般市民にとって名誉であったが、予備役の将校は容易に得られることはなかった。ヘルツはこのある意味、特権を利用していることになる。ベルリン大学の助手からキール大学に移った後に予備役将校に昇進している。96ページの写真には軍服に身を固めた誇らしげなヘルツが見える。時代的には一般の市民が好んで軍服に身を固める社会であった。（参考）望田幸男 著『軍服を着る市民たち―ドイツ軍国主義の社会史』（有斐閣選書114、有斐閣、1983年）。

（15）ミュンヘン高等工業学校は1827年に工業学校として創立されたが、すぐに廃校となった。1866年にルートヴィッヒ二世によって新しく創立され、1877年に王立ミュンヘン高等工業学校と改称し、1970年にミュンヘン工科大学となる。1871年当時のミュンヘンの人口は約十七万人であった。その後、1910年には約六十万人と増加している。

（16）シラー 著『ヴァレンシュタイン』（濱川祥子 訳、岩波文庫、岩波書店、2012年）の79ページより引用。シラーが執筆した本著作は神聖ローマ帝国の三十年戦争（1618～1648）を舞台にした歴史悲劇である。三十年戦争を終結させたヴェストファーレン条約により、ヨーロッパでは新秩序が形成されていった。作品のタイトルになっているヴァレンシュタイン（1583～1634）は実在の人物で、神聖ローマ帝国の皇帝フェルディナント二世（1578～1637）に仕えたカトリック軍でボヘミアの傭兵隊長として頭角を現し、三十年戦争時反乱を鎮圧して功績が認められたが、皇帝の命令により1634年2月に暗殺された。享年五十歳であった。

（17）フリードリッヒ・フォン・シラー（1759～1805）はドイツの詩人で思想家・歴史家。ヴュルテンベルク大公国で生まれ、最初は医学を学んだ。処女作として『群盗』を1781年に発表した。ゲーテとならび疾風怒涛時代の一翼を担うドイツ古典主義の代表。作曲家ベートーベン（1770〜1827）の交響曲第九番、第四楽章『歓喜の歌』の歌詞の原詩を詩作した。ヴァイマルが文豪ゲーテとシラーのゆかりの地である。

(18) フィリップ・フォン・ヨリー（1809〜1884）はドイツの物理学者及び数学者。ハイデルベルク、ウィーン、ベルリンの各大学で学び、1846年ハイデルベルク大学にドイツで最初の物理学研究所が設けられたときに教授を務め、1854年以降ミュンヘン大学で実験物理学の研究に携わる。ヨリー教授の物理学研究所がその後の各大学で物理学研究所が設けられるきっかけとなっていく。

(19) ジョセフ・ルイ・ラグランジェ（1736〜1813）はフランスの数学者。ナポレオン一世が創設したパリの高等師範学校、理工科学校の教授を務めた。力学の基礎方程式の導出など数学の物理学上への応用に関しての多大な業績がある。『解析力学』を著し、ニュートン力学を一般的に書き直した。考える系がどんなに複雑であっても、力学的な問題を微分方程式に書き下せる方法を与えた。

(20) ピエール・シモン・ラプラス（1749〜1827）はフランスの数学者で天文学者。ノルマンディの農家の子として生まれ、パリの軍学校で数学を教えた。教え子の一人にナポレオン・ボナパルトがいる。パリの高等師範学校、理工科学校の教授として天体力学、確率論の研究を行う。最初はラヴォアジェと一緒に比熱の測定など熱現象の実験的研究に従事した。その後、ラグランジェと共に太陽・惑星系の摂動・安定性などの研究に従事。名著『天体力学』の出版をはじめとして、解析数学に多大な貢献をした。

(21) マックス・プランク（1858〜1947）はドイツの物理学者。北ドイツのキールで生まれる。父親はキール大学教授。プランクはベルリン大学でヘルムホルツに師事し、熱力学の物理化学的応用研究を行う。ヘルツの後任としてキール大学に赴任した。その後、ベルリン大学教授となり、黒体放射の研究から、ある振動子のエネルギーは不連続に飛び飛びの値を取り、特定の値の整数倍になると仮定した「量子仮説」の提案を行って今日の量子論、ひいては量子力学の基礎を築いた。カイザー・ヴィルヘルム研究所長。プランク定数に名を残す。また、現在、ドイツの学術研究機関で有名なマックス・プランク研究所にも名を残している。量子論による物理学進歩の貢献で１９１８年度のノーベル物理学賞を受賞した。

(22) 物理学の体系はほぼ完成の域に近づいており、重箱の隅をつつき整理するような仕事はあるかもしれないことを語ったと伝えられている。ヨリー教授はプランクが後に量子論の創始者になろうとは夢想だにしなかった。（参考）Heibron JL 著『The dilemmas of an upright man : Max Planck and the fortunes of German Science』(University of California Press, 1986)

(23) アルフレッド・プリングスハイム（１８５０～１９４１）はシレジア（現ポーランド領）生まれで、反ユダヤ主義者のドイツの数学者の一人。音楽に造詣が深くワーグナーとの交流があった。ベルリンとミュンヘンの各大学で学び、１８７９年よりミュンヘン大学に勤め１９０１年より教授となり、主に複素解析を研究した。娘のカーチャ（１８８３～１９８０）はトーマス・マンと結婚した。カーチャの双子の兄クラウス（１８８３～１９７２）は我が国でのクラシック音楽の普及に尽力した。

(24) イギリス公園はイギリスで王立研究所を設立し、熱力学の発展に貢献したランフォード卿（第十二章の訳注(２)参照）がミュンヘンにいた１７８９年に設計・造園した。ニューヨークのセントラル・パークより広く、公園内には日本庭園と茶室が建築されている。

(25) ヘルツはミュンヘン高等工業学校教授のビーツ（１８２２～１８８６）のもとで実習を行った。ビーツ教授については第五章の訳注(３)を参照。

(26) ライプツッヒ大学は１４０９年に創立され、ハイデルベルク大学に次ぐ歴史と伝統がある。ハイゼンベルク

（1901～1976）、ヘルツの甥のグスタフ・ヘルツ（第十四章の訳注（31）参照）、オストワルト（1853～1932）、哲学者のニーチェ（1844～1900）、音楽家のシューマン（1810～1856）、現ドイツ首相のメルケル（1954～）、我が国からは味の素を発見した池田菊苗（1864～1936）、森林太郎（鴎外）（1862～1922）、朝永振一郎（1906～1979）などが学んでいる。東ドイツ時代はカール・マルクス大学と呼ばれた。大学のあるライプツッヒはザクセン州に属しており、ヨハン・セバスチャン・バッハ（1685～1750）を代表とする音楽の街で、1871年には約七万五千人の人口であった。

（27）ベルリン大学は1811年に言語学者のフンボルト（1767～1835）の指導で創立された。ヘルムホルツ（第四章の訳注（11）を参照）、キルヒホフ（第四章の訳注（15）参照）、ヴァイアストラウス（第五章の訳注（12）を参照）、ミュラー（1801～1858）、コッホ（第十三章の訳注（14）参照）などが教え、我が国からは森林太郎、北里柴三郎（1853～1931）、寺田寅彦（1878～1935）などが学ぶ。第二次大戦後はフンボルト大学。1990年の東西ドイツ統一後は現在の名称。なお、ベルリンの人口は1871年時点で約八十三万人、1910年には約二百万人へと急激に増加した。

## 第四章　物理学の帝国宰相のもとでの教え

（1）ヴェルナー・ジーメンス（1816～1892）はドイツの実業家、電気技術者及び物理学者。ヴェルナーはジーメンス十四人兄妹の六番目の長男として生まれた。長じて親友で機械工として勤めていたハルスケ（1814～1890）と一緒にジーメンス・ハルスケ社を設立し、電流による励磁方式の自励発電機を設計から開発まで一貫して開発した。その他電気機関車、路面電車などの発明。ドイツの電気学会、帝国物理工学研究所（ＰＴＢ）の設立などに貢献した。

（2）大学における自然科学は「哲学」に属し、物理学は医学の補助的な学問として教育が行われていた。しかし、イギリスで起こった産業革命を契機として、欧州を中心に産業が急速に発展していった。普仏戦争でフランスに勝利した１８７１年以降、プロイセンを中心として国家が統一されたドイツ帝国では工業国への脱皮が必要となり、自然科学研究の奨励が叫ばれるようになった。これは自然科学による発見が新しく工業を興すことになるためで、ドイツ産業、特に電気産業の将来には物理学の基礎研究と精密工学の発展が不可欠と考えられた。そのため、国家予算が自然科学分野に多く費やされ、大学の自然科学系の研究所が設置されていった。また、ジーメンスは１８８４年3月20日付けで国立研究所の設置を政府に建白した。この建白を受け、ベルリンのシャルロテンブルクにヘルムホルツを所長とした帝国物理工学研究所（ＰＴＲ）が１８８７年に設立された。同研究所は現在、連邦物理工学研究所（ＰＴＢ）として度量衡研究を行っている。なお、十九世紀後半は熱力学、電磁気学など今日では古典物理学と呼ばれている理論体系がドイツを中心として完成し、電磁波の発見、量子論が展開され二十世紀初頭の量子力学の道が拓かれた時でもある。

（3）表の中の費用はそれぞれの大学での物理学研究所の建築総額を示している（基礎・建屋、暖房、水道、ガス、電気設備、住宅、諸施設、家具、初期設備などが含まれる）。（参考）Cahan D 著『An Institute for an Empire- The Physikalisch-Technische Reichanstalt 1871-1918』(Cambridge University Press, 1989)。

（4）ドイツでの物理学研究所は使われなくなった機械類を収集・展示したキャビネットが進化していったものである。十七世紀の後半までにも遡ることができるが、記録に残っている大学でもっとも古い物理学研究所は、学生の実習ができる研究所としてヴェーバー（１８０４～１８９１）が１８３３～３４年頃にゲッティンゲン大学に設けたものとされており、１８４６年にはヨリー教授もハイデルベルク大学に設けている。一方で１８４６年頃までは自然科学者は教育が主で研究に重点を置いていなかった。その後、自然科学者の間で教育に加え、研究の気風が湧き起こり大学の付属として物理学研究所の設立がなされていった。その結果、34ページの表に見られるように大学における物理学研究所が整えられて行き、ドイツにおける物理学が発展して行った。本文ではこの現象を「制度改革」と述べている。また、ベルリン大学で物理学研究所を主宰していたマグナス教授の周りにいた有志が１８４５年にベルリン物理学会を設立していくことになる（第五章の訳注（３）を参照）。（参考）Cahan.D 著「The Institutional revolution in German physics, 1865-1914」(Historical Studies in the Physical Sciences, 5, pp.1-65, 1985)。

（５）デビッド・カーハンはカリフォルニア大学・バークレー校を卒業し、ジョンズ・ホプキンス大学で「帝国物理工学研究所。ドイツ帝国における科学、工学ならびに技術に関する研究」で１９８０年に学位を取得し、現在、ネブラスカ大学リンカーン校の歴史部門の教授。ドイツ科学・技術の歴史学的考察についての著書が多数ある。

（６）シュトラースブルク大学。普仏戦争の結果、アルザス-ロレーヌがドイツに併合されたことから、カネに糸目をつけずに１８７２年、のちにカイザー・ヴィルヘルム大学と呼ばれるシュトラースブルク大学が新設された。この大学からはノーベル賞受賞者が四名も輩出した。シュトラースブルクは歴史にもまれ、フランスならびにドイツに度々併合されている。ドイツに併合された１８７１年の時点での人口は約八万五千人であった。第一次世界大戦を終結させた際に結ばれたヴェルサイユ条約の結果、１９２１年よりフランスが領有している。

（７）１８７０～７１年の普仏戦争で帝国宰相ビスマルクの指揮のもと、プロイセンはナポレオン三世（１８５２～１８７０）のフランスを破り、パリが降伏開城する前のヴェルサイユ宮殿、鏡の間でプロイセン王のヴィルヘルム一世（１７９７～１８８８）がドイツ諸侯に推され、ドイツ帝国初代皇帝に即位した（１８７１年1月18日）。これによってドイツの帝政が設立し民族的な統一国家となり、近代国家へと脱皮をはかり、英仏などの先進国を追い越し、資本主義的な発展を遂げることになる。それと共に科学・技術の進展が望まれるようになる。この普仏戦争によってフランスより約50億フランの賠償金と石炭・鉄鉱石など地下資源が豊富なアルザス－ロレーヌ地方（ドイツ名でエルザス－ロートリンゲン）、アフリカなどに植民地、またポーランドの一部を手に入れた。

（8）ザクセンは現在、ドイツ十六州の一つでポーランドとチェコの国境に接している。十九世紀にザクセン王国として発展し、州の人口は１８７１年には約二百二十二万人で、ドレスデンが首都であった。

（9）ルードヴィッヒ・クナウス（１８２０～１９１０）はドイツの画家。デュセルドルフの美術学校を卒業後パリに学び、１８７４年より王立プロイセン・アカデミー教授。ドイツ・ロマン派の画家として肖像画・風景画などに多くの作品を残した。

（10）ミュンヘン大学は１４７２年にインゴルシュタット大学として創設された。歴史的には閉鎖を繰り返すが、ナポレオン戦争後の１８２６年ルードヴィヒ一世（１７８６～１８６８）によって再創設された。ゾンマーフェルトが理論物理学の学派を創った。籍を置いた研究者として物理学者のハイゼンベルク、マックス・フォン・ラウエ（１８７９～１９６０）（第十四章の訳注（20）を参照）、動物学者のローレンツ（１９０３～１９８９）などがノーベル賞を受賞している。

（11）ヘルマン・フォン・ヘルムホルツ（１８２１～１８９４）はドイツの物理学者で生理学者。生地ポツダムで軍医として勤務していた時期に行った筋の熱発生に関する研究でエネルギー保存の原理を見つけた。ケーニヒスベルク、ボン、ハイデルベルクの各大学で生理学教授を務めた。この間、感覚生理学や神経作用などについての研究を行った。１８７１年よりベルリン大学の実験物理学教授として電気力学や熱力学の研究に従事。デュ・ボア・レイモン（第五章の訳注（3）を参照）の協同のもとで神経作用の伝達速度の測定を行う。１８７７年同大学総長となる。その後、帝国物理工学研究所の初代所長を務める。物理学、生理学を含めた幅広い学術分野で多彩な業績を残した。母親はアメリカ合衆国憲法に影響を与えたウイリアム・ペン（１６４４～１７１８）の子孫。娘のエレンはジーメンスの長男アーノルドと結婚した。（参考）Koeningsberger Leo 著『Herman von Helmholtz』（Dover Publications Inc., New York, 1965）。同著『へルムホルツ評傳第一巻』（宮入慶之助訳、河出書房、１９４３年）。

(12) フランツ・フォン・レンバッハ（１８３６～１９０４）はドイツの画家。石工職人の生まれであるが、イタリアに学び、二十九歳で肖像画家として名をはせる。ビスマルク（１８１５～１８９８）、ヴィルヘルム一世、ヴィルヘルム二世（１８５９～１９４１）、オーストリア帝国皇帝フランツ・ヨゼフ（１８３０～１９１６）などの肖像を描く。ミュンヘンに市立レンバッハ・ハウス美術館がある。

(13) アウグスト・クント（１８３９～１８９４）はドイツの物理学者。気体中の音速を求める方法、磁気光学の研究などに従事。チューリッヒ工科大学、シュトラースブルク大学を経て、ヘルムホルツの後任としてベルリン大学実験物理学教授及びベルリン大学の物理学研究所の所長を歴任した。レントゲンとヴュルツブルク大学で一緒であった。

(14) コンラート・レントゲン（１８４５～１９２３）はドイツの物理学者。チューリッヒ工科大学でクント教授に学び、ギーセン、ヴュルツブルクならびにミュンヘン大学各教授。電磁気現象、圧力による物性変化などの研究を行い、１８９５年、ヴュルツブルク大学で陰極線の実験中、近くにあった白金シアン化バリウムを塗った紙が蛍光を発したことを観察した。この偶然の観察から不透明の物体を透す未知の放射線を発見し、Ｘ線と名付けた。１９０１年、第一回のノーベル物理学賞を受賞した。

(15) グスタフ・キルヒホフ（１８２４～１８８７）はドイツの物理学者。ケーニヒスベルク大学で学び、ハイデルベルク、ベルリン大学各教授を歴任した。電気回路におけるキルヒホフの法則で有名。あらゆる波長の電磁波を完全に放出、吸収する物体を「黒体」とする概念を導入し、その「黒体」の「放射」研究（黒体放射）に従事し、のちの量子論の基礎を作る。弾性論、音響学、熱学などの研究にも従事。古典理論物理学の代表的な人物の一人である。

(16) ルドルフ・クラウジウス（１８２２～１８８８）はドイツの物理学者。プロイセンのケスリンで牧師の息子として生まれ、ベルリン大学で学び、チューリッヒ工科大学とヴュルツブルク大学の教授を歴任後、ボン大学教授ならびに学長となる。熱力学第一法則・第二法則を定式化、エントロピーの概念の導入など熱力学の基礎を確立した。ヘルツはボン大学教授になる際にクラウジウスがボンで住んでいた住居を購入した。

(17) フリードリッヒ・コールラウシエ（1840～1910）はドイツの物理学者。ゲッティンゲン大学で学び、ヴュルツブルク大学を経て、帝国物理工学研究所の所長。電解質の抵抗を測定する方法（コールラウシエ・ブリッジ）を考案した。

(18) Who is Who は紳士録の総称。

(19) キリスト復活後50日目に、聖霊が天から下ったことを記念する祝日。ペンテコステ。

(20) ハインリッヒ・フォン・トライチュケ（1834～1896）は十九世紀ドイツの歴史家、政治評論家。トライチュケはボンとライプツィヒ各大学で学んだ後、1874年よりベルリン大学教授。プロイセンを中心としたドイツ統一を主張。ユダヤ人、社会主義などを強く排撃し、軍国主義、愛国主義を提唱。対外的には強硬外交を主張した。

(21) 1820年のエールステズの電流の磁気作用の発見、発見直後のアンペールによるアンペールの法則ならびに1831年のファラデーの電磁誘導現象などを統一的に説明するために、1846年にウェーバーが電流は反対方向に同じ速度で運動する正負の電荷からなると考え、電荷は同じ大きさで各要素電流の強さは電荷と速度の積に比例すると仮定して、正負の電荷間に働く力に基づく電気力学を提案した。これには電気が慣性を持っているとの仮定が設けられている。そこで、ヘルムホルツは実際に電気が慣性質量を持っているかどうかをベルリン大学での懸賞問題として取り上げ、一番優れた解答に賞金を与えるとした。電気が慣性を持って物体中を動くと、電気の運動に慣性が働いているのか？　電気は回路が閉じられた場合、電気が動き出すのに時間がかかるのか？　電気の回路の開閉の際に起きる余剰電流の大きさを明らかにすることで解決する。ヘルツは慣性による余剰電流が存在したとしても誘導電流の二百五十分の一以下であり、ほとんど実験誤差の範囲内であると結論付けている。（参考）天野清 著「Heinrich Hertz の生涯と業績」（科学十四巻、12～16ページ及び155～158ページ、1944年）。

(22) 1879年の8月1日に賞金を授与された。

(23) プロイセン科学アカデミーは1700年に、哲学者ライプニッツ（1648〜1716）らがベルリンで設立した。フランスの哲学者モンテスキュー（1689〜1755）、カント、ヘルムホルツ、マックス・プランク、アインシュタインなどが会員であった。東西ドイツが統一されたのちの1992年、ベルリン・ブランデンブルク科学アカデミーとなる。

(24) 原著49ページにベルリン科学アカデミーが公示した懸賞問題を示す文書が述べられている。これを簡単に示すと、電磁力と絶縁体の誘電分極との関係を実験的に示すことである。マクスウェルは絶縁体に変位電流が流れると仮定して電磁波の存在を予言した。変位電流の存在を実験的に示すことで電磁波の存在を明らかにできることを意味している。第八章の訳注（6）を参照。

(25) 遠隔作用は物体AとBが空間を隔てて存在する場合、その間に働く力は場を介さずに互いに直接働くことをいい、歴史的には万有引力の法則、帯電粒子の間のクーロンの法則などの力は遠隔作用と認識された。たとえば、力としては二つの物体または電荷の間の距離と物質の特性で与えられる。しかし、今では基本的に力は近接作用的に働き、遠隔作用は近接作用から導かれると考えられている。

(26) 近接作用は物体AとBが空間を隔てて存在する場合、その間に働く力はその周辺の空間を満たす場によって伝達する場合をいう。ファラデーは帯電粒子間に働くクーロンの法則で働く力は遠隔的な作用よりも、帯電粒子の周りの空間がゆがんでいて、そのゆがみが場を通して伝わり、力が働くと考えた。この考えを拡張して行ったのがマクスウェルで、電磁場を通して力は働くとした。「電気的な磁気的な物体そのものを扱うのではなくて、物体の周囲の空間を扱うことから電磁場」とマクスウェルは強調している。

(27) アイザック・ニュートン（1642〜1727）はイギリスの数学者・物理学者及び天文学者。ケンブリッジ大学のトリニティー・カレッジで学ぶ。万有引力の法則、微積分法の発見で有名。これらは二十五歳までになされた。その後、光のスペクトル分析の実験を行う。１６６９年にケンブリッジ大学教授となる。『光学』ならびに『自然哲学の数学的諸原理』（プリンキピア）を著し、近代科学の親といわれる。その後、王立造幣局の長官を務め、錬金術に没頭し、生涯独身であった。（参考）米沢富美子 著『人物で語る物理入門（上）』（岩波新書、岩波書店、２００５年）。

(28) エーテルは十九世紀頃までに考えられた光が伝播するために必要であり、宇宙を一様に満たしていると仮想された物質を示す学術用語である。エーテルの概念は古いが、デカルト（１５９６〜１６５０）が『哲学原理』で渦流説によって物質としてのエーテルを唱え、ニュートンが光の屈折や回折などの現象の説明にエーテル様の媒質を仮定していた。その後、光は横波であるとフレネル（１７８８〜１８２７）らが考え、ホイヘンス（１６２９〜１６９５）が、光は真空中でも伝わっていくので光の伝播にガス状のエーテルを考えた。エーテルは宇宙の至る所に充満しており、弾性が強く、伝わる速度が早く、一部が振動するとすぐ隣に伝わって行くことで光が伝わるとした。しかし、光が横波であることを説明することが難しかった。ファラデーの実験結果を踏まえたマクスウェルの電磁場の理論では、エーテルの存在を前提として議論がなされ、エーテルが電磁場の媒質として考えられるようになっていった。ヘルツはエーテルは物体が運動するときに一緒に運ばれるという理論を設けた。十九世紀ではエーテルの力学的なイメージを確立するのに多くの物理学者が多大な努力をしたが、光速度の不変の法則、相対性原理によってアインシュタインはエーテルの存在を否定し、二十世紀初頭に現れた量子論と相対論によってエーテルの概念は急速に忘れ去られていった。エーテルは辞書を開くと「天空、青空」という意味もある。（参考）湯川秀樹・井上健 責任編集『世界の名著六十五、現代の科学（一）』（中央公論社、１９７３年）。湯川秀樹 監修『岩波講座 現代物理学の基礎―古典物理学Ｉ』（岩波書店、１９７５年）。

(29) 遠隔作用と近接作用の考え方の違いはドイツ学派とイギリスの学派との間で物理的に基本的な疑問として議論がな

されていた。ドイツで遠隔作用の立場を取ったのはゲッティンゲン大学のヴェーバーやケーニヒスベルク大学のノイマン（１７９８～１８９５）が代表者で、遠隔作用の立場に立って電磁気を組み立てた。しかし、ヘルムホルツは近接作用的な立場に立っていた。一方、イギリスでは電気力・磁気力について近接作用的な考え方に至っていたのは、ファラデーやマクスウェルに代表される研究者で、力線のアイデアと電磁場の理論である。ヘルムホルツはヘルツに電磁気学の理論は遠隔作用によるのかマクスウェルの電磁場の理論によるのかを明らかにすることを懸賞問題として課した。ヘルツがこの問題に取り組み電磁波の発見をもたらした。

(30)『電気力の伝播に関する研究』(Leipzig, Johann Ambrosius Barth, 1892) を指しており、同書はヘルムホルツに捧げられている。電磁波の発見をもたらすことになる十三件の講演原稿ならびに研究論文が取りまとめられている

(31) これは博士論文の表紙である。論文のタイトルは「回転している球での誘導について」で、博士号の授与は１８８０年3月15日の日付けである。磁場中で回転している金属の球への誘導現象を理論的に解明し、回転が速くなると自己誘導が大きくなり、内部の電流が表面に集まることが示されている。

(32) Magna cum laude (mit großen Lob) はラテン語で、優の成績で博士号試験の評点が第二位のこと。

## 第五章　天職としての物理学者

(1) 本文を参考にしながら、大学の正教授への道を示す。大学教授になるには博士号だけでは足りずに、大学教授資格試験に合格する必要があった。そのために、まず助手として教育と研究業務に携わり、論文を発表して十分な実力を

身に付けなければならなかった。その後、大学教授資格のための請求論文を書き、同時に試験官の前で試験的に講義（本文では口頭試問）を行い、教師としての力量を示す必要があった。このような手続きを経て大学教授資格を取得することになる。試験に合格すると「私講師」の肩書きで大学での講義を持つことができる。私講師を長く経験し、大学教授資格を持っている者はしばしば「員外教授」の呼称を持つことになる。私講師は正教授と違って、国家からの報酬はもらえず、学生からの聴講料が主な報酬となり、大学から正教授の声がかかってくるのを待つことになる。ヘルツはヘルムホルツのもとで、１８８０年から三年間の助手を経験し、理論物理学の専門家を探しているキール大学で大学教授資格試験に合格し、同大学で「私講師」の立場で研究を行うことになった。この間、私講師のための奨学基金から奨学金をもらっているが、両親からの送金もあてにしている。１８８５年、二年間にわたる奨学金がなくなったことから、ヘルツは正教授になるまでの道筋がはっきりしないキール大学で研究を進める道を選ぶか、カールスルーエ高等工業学校の教授になるかの選択を急かされることになる。結局、ヘルツは実験ができないキール大学よりも実験の便宜がはかれるカールスルーエ工科大学（ヘルツが移った同じ年に高等工業学校から大学に昇格）へ向かい同大学の物理学の正教授となり、電磁波の存在を明らかにする実験を行った。１８８９年にはボン大学の正教授に就任することになる。

（2）ヘルツは１８８０年10月1日付けでヘルムホルツの助手となった。

（3）ベルリン物理学会はドイツ物理学会の創設時の名称である。１８４５年に創設されたベルリン物理学会が１８９９年にドイツ物理学会となり、第二次世界大戦後、ドイツ物理学会は東西に分裂したが１９９０年に統一され現在に至る。１８４５年2月21日のベルリン物理学会の創設時のメンバーは次の六名である。三名が物理学者、二名が生理学者、一名が化学者で創設当時の年齢は二十三〜二十五歳である。１８４５年末には創設時メンバーに加え、ヘルムホルツを始めとして五十三名が会員となり、二十年後の１８６５年には百十五名、２０１６年1月現在では約六万二千人の会員がいる。（参考）Ebert H 著「ベルリン物理学会の創設者」（Physikalische Blätter 27 (6), s.247-254, 1971）。

•ヴィルヘルム・フォン・ビーツ（１８２２～１８８６）はドイツの物理学者。ベルリン大学で物理と化学を学び、幼年学校、砲兵学校の物理学教授。ベルンとエルランゲン各大学教授を経て、１８６８年にミュンヘン高等工業学校の教授となる。電気理論、液体の伝導などに興味を持ち多くの物理実験装置を改良した。１８７８年、ヘルツはビーツ教授の研究室で実習を体験した。

•エルンスト・ヴィルヘルム・フォン・ブリュッケ（１８１９～１８９２）はドイツの物理学者、生理学者。ベルリン大学教授のミュラー（１８０１～１８５８）にヘルムホルツやデュ・ボア・レーモンらと共に学ぶ。ウィーン大学教授として筋肉への電気作用、アルブミンの研究、心理学、視覚など、また植物生理学、解剖学などの研究に従事した。

•デュ・ボア・レーモン（１８１８～１８９６）はドイツの生理学者。ベルリンとボン各大学で学び、１８５８年以降ベルリン大学教授として、動物電気、筋肉と神経の作用、代謝などについての研究に従事し、のちにベルリン大学総長となる。著書『自然認識の限界について／宇宙の七つの謎』（坂田徳男 訳、岩波文庫、岩波書店、１９８８年）。

•ヴィルヘルム・ハインリッヒ・ハインツ（１８１７～１８８０）はドイツの化学者。最初薬学を学び薬剤師の資格を得たが、その後ベルリン大学で学び、ハレ大学の教授を務める。有機化合物中の窒素、硫黄の分析法の改良、融点を純度の判断基準に最初に採用したなどの業績がある。

•グスタフ・カーステン（１８２０～１９００）。ドイツの海洋物理学者、鉱物学者。ベルリン大学でマグナスとディリクレ（１８０５～１８５９）に物理と数学を学ぶ。１８４７年から１８９４年までキール大学で教授ならびに学長を務める。北海とバルト海を結ぶキール運河を計画・設計し完成させた。ヘルツがキール大学に行ったときの物理学研究所を主宰した主任教授であった。

•カール・ヘルマン・クノプラウホ（１８２０～１８９５）はドイツの物理学者。ベルリン大学で数学・化学をマグナスのもとで学び、マーブルク大学教授、ティンダルと共に反磁性の研究、その後ハレ大学に移る。ドイツ科学アカデミーの会長を長く歴任。放射熱、特に赤外線の研究に従事した。

（4）マグヌス・ハウスはドイツ近代実験物理学発祥の地として有名。ベルリン・クッファグラーベンにあり、ここでベルリン大学のマグナス教授が私的な物理学研究のサロンを設けた。サロンのメンバーの有志によりベルリン物理学会が誕生した。第二次世界大戦後の一時期東ドイツの物理学アカデミー所在地となる。

（5）ハインリッヒ・グスタフ・マグヌス（1802〜1870）はドイツの物理学者。ベルリン大学で、その後スウェーデンで学び、のちにベルリン大学の教授を務める。マグヌス効果で有名。ベルリン物理学会の創設時からの会員。

（6）1881年1月21日のベルリン物理学会でのことと思われる。「弾性固体の接触について」の講演であり、ヘルツの「接触圧力」の問題に発展していく。

（7）ニュートン・リングともいう。平板の透明なガラス板と曲率半径の大きい球面状のガラス、凸レンズを接触させ、単色光を入射させたときに見られる同心円状の等厚干渉縞。ガラス板と凸レンズの間の隙間で、レンズの下面で反射した光とガラス板の表面で反射した光が反射することによって生じる。基準のガラスを用いて研磨ガラスの平滑度を調べ、レンズの曲率を検査するときなどに使われる。

（8）ヘルツの接触圧力は二つの半無限完全弾性体が接触する際に現れる圧力分布。平面や球、球と球などが接触した場合の圧力についてヘルツが1881年に発表した理論で、材料が均質である、接触部分の大きさが物体の大きさに比べ微小である、接触面へ作用する力は接触面に垂直であるなどの仮定が設けられている。現代では、弾性体の衝突やころがり軸受などの解析の基礎をなしている。「雪は天から送られた手紙である」の名言で有名な雪氷学者の中谷宇吉郎の随筆「立春の卵」では、このヘルツの接触圧力の式を用いて、卵が立つのは立春の日に限ったことではないことを科学的に紹介している。（参考）中谷宇吉郎 著『雪を作る話』（平凡社、2016年）。

（9）枢密顧問官は高級官僚、または大学で卓越した教授などに与えられた称号。ゲーテ、ガウス（1777〜1855）、ヘルムホルツ、マックス・プランクなどが与えられている。

（10）キール大学は1665年に創立された。また、ドイツで初めて植物園を設けた。カールスルーエに去ったヘルツの後任はキール生まれのマックス・プランクが引き継いだ。なお、2015年には創立三百五十年を記念した切手が発行された。

（11）ターレル。ドイツ銀貨で十六世紀から十八世紀ごろまで流通していた。

（12）カール・テオドール・ヴィルヘルム・ヴァイアシュトラス（1815〜1897）はドイツの数学者。北ドイツのミュンスター大学で学び、高校の教員としての仕事をこなしながら、数学の研究に従事し、1856年にベルリン大学に招聘され、1864年に同大学教授に就任した。楕円関数論、複素解析などの研究を行う。

（13）対立教授はカーステン教授のこと。本章の訳注（3）参照。

（14）キールはドイツ北部にあり、1866年にプロイセン王国に併合された。キール運河に臨み、軍港として有名で、シュレースヴィヒ・ホルシュタイン州の州都である。ヘルツがキール大学に勤める前、1871年の人口は約三万五千人ほどであった。1910年には約二十一万人の人口と急激な増加がみられる。

（15）ヘルツは1883年3月にベルリン大学の助手を辞めてキール大学に赴任した。

（16）グロー放電。冷陰極管でガス圧が低いときの発光が伴う放電。グロー放電は気体の種類、圧力、放電管の形状で変わってくる。

## 第六章　キール大学での私講師

（1）キール大学では1851年から1894年までカーステンが物理学の正教授でいた。カーステン教授は主に学者仲間同士での活動、まとめ役、学生の指導、教科書の執筆などに才能を発揮し、正教授でいたほぼ四十年近くの間で、発表した論文は十二編にも届いていなかった。また、カーステン教授は物理学研究所を整えることはなかった。ヘルツはこのような状態のキール大学に勤めたことで、実験に必要な道具はほとんどなかったことを憂いている。ヘルツは1885年にカールスルーエ工科大学に移った。ヘルツの後任にはマックス・プランクが勤めたが、1889年にプランクはベルリン大学に招聘された。カーステン教授が退職する1894年までキール大学での物理学研究所は時代遅れの状態であった。（参考）Cahan D著「The Institutional revolution in German physics, 1865-1914」（Historical Studies in the Physical Sciences, 5, pp.1-65, 1985）

（2）写真の左より、

- ピーターセン。デュッセルドルフの開業医。
- オットー・クリューメル（1854～1912）はドイツの地理学者。特に海洋学の研究に従事。ゲッティンゲンとベルリン大学で地理学を学ぶ。1884年にキール大学の教授になり、1897～98年の間、同大学の学長を務めた。
- ヘルツ本人。
- ハインリッヒ・クロイツ（1854～1907）はドイツの天文学者。ボン大学で学んだ後、1883年にキール大学に移り、1891年に同大学教授。太陽に接近する惑星を調べ、そのほとんどが同じ軌道を回っていることを明らかにし、それが非常に巨大な惑星の破片でありこれらの惑星を「クロイツ群」と呼んでいる。

・ヘルマン・ローデバルト（１８５６～１９３８）はドイツの農学者。ゲッティンゲン大学で勉強後、キール大学で植物生理学の研究に従事した。１８９４年以降、１９２２年までキール大学教授であった。
・フェルデナンド・グラフ・フォン・シュペー（１８５５～１９３７）はドイツの解剖学者で発生学者。ボンとキールの各大学で学び、キール大学の解剖・発生学の教授となる。「シュペー曲線」で有名である。
・ヒポリュトス・ユリウス・ハース（１８５５～１９１３）はドイツの地理学者で考古学者。ハイデルベルクとシュトラースベルクの各大学で学び、アルザス・ロレーヌ、南チロル、レートアルプスなどのジュラ紀の動物相を調査するなど古生物学、地理学などに興味を持ち、１８８８年よりキール大学に勤め、１９０５年に名誉教授になる。

（３）千夜一夜物語。日本では『千一夜物語』、『アラビアンナイト』とも言われる。「船乗りシンドバード」、「アリ・ババと四十人の盗賊」、「アラジンのランプ」などの物語がよく知られているが、ペルシャの古い文化の伝説話集からの由来が考えられている。（参考）バートン著『バートン版千夜一夜物語』（全八巻）（大場正史訳、河出書房、１９６６年）

（４）ブラウン運動。イギリス、スコットランドの植物学者ブラウン（１７７３～１８５８）が１８２７年に液体に浮かぶ花粉からなる微粒子が不規則な運動をすることを見い出した。この運動はブラウン運動と呼ばれ、熱運動によると考えられた。アインシュタイン（第八章の訳注（３）を参照）は微小粒子の運動を熱運動と捉え、ブラウン運動を統計力学的な手法による理論解析で、また実験的な検証はフランスの物理学者ペラン（１８７０～１９４２）が行った。１９２６年、ペランは沈殿平衡に関する発見でノーベル物理学賞を受賞した。

（５）ローデバルト教授のこと。

（６）『物質の構造』はヘルツがキール大学の１８８４年夏学期（４～７月）で当時話題になっていた物理学上の諸問題を一回あたり四十五分で計十回行った講義の内容を取りまとめたものである。取り扱っている内容はキーワードで示すと、（一）エーテル（空間、真空、エーテルと光、エーテルの性質、遠隔作用、電磁力、電磁的な遠隔作用、絶縁体と真空での電磁波を証明する思考実験、光学）と（二）物質（性質、慣性と重力、膨張と圧縮、原子、光と物質、原子論、スペクトルと原子の内部構造、化学と原子論、倍数比例の法則、原子容積と比熱）などである。講義で取り上げた内容には十九世紀後半から二十世紀前半の物理学において解明すべき重要な項目が取り上げられている。講義のために準備された四百二十枚の原稿は、エリザベス夫人がヘルツの没後も保管しており、保管されていた原稿が関係者によって取りまとめられて１９９９年に出版された。キール大学での１８８４年夏学期の講義案内予告は「物質の構造についての最近の見解」である。（参考）ハインリッヒ・ヘルツ著『Die Constitution der Materie-Eine Vorlesung über die Grundlagen der Physik aus dem Jahre 1884』（Albrecht Fölsing, Springer verlag, 1999）。

（７）この箇所は電磁的な光理論、絶縁体と真空中での電磁波の存在についての思考実験を試みている内容の一部で講義原稿の百九十四枚目にあたる。簡単には次のような内容である。「再度、二枚の平板の間にある一本のパラフィンの棒を考えてみよう。平板をバッテリーの極に結びつけると棒は分極します。これは電流が流れているのと同じであると言えます。この状態で棒の近くに置かれた磁針は素早く振れ、棒の方向に垂直になるように動き、電流が流れているワイヤーが、その方向によって棒に近づいたり遠ざかったりするように揺れます。また、一本ではなく互いに近くにある二本の棒が分極したとき、二つの同じ方向の電流は引き寄せあう（以下、電流が反対方向に流れた場合の現象の記述に続く）」。

（８）古代から解決されていなかった問題の一つが物質の構造であった。物質の構造の問題は古代ギリシャではデモクリトス（４６０～３７０ＢＣ）、弟子のエピクロス（３４１～２７０ＢＣ）らのすべての物質は原子からなっていると唱えた原子論と、哲学者のアリストテレス（３８４～３２２ＢＣ）が唱えた四大元素（火、空気、水、土）説とが対立していた。エピクロスは世界が不変な原子と無限の空虚からなるとする原子論を積極的に展開していった。中世、物質の根源についてはアリストテレスの四大元素説が大きな影響を及ぼし、原子論は顧みられなかった。しかし、十八世紀に入り、ラヴォアジェ、ドルトン（１７６６～１８４４）らによって質量保存の法則、倍数比例の法則などが発見され、ドルトンは積極的に原子論を展開し原子量の概念を導入し、次第に原子論が優勢となっていった。十九世紀に入り、反原子論者のマッハ（１８３８～１９１６）やオストワルトらと強烈な原子論者のボルツマン（第十二章の訳注（15）を参照）との間で激しい論争が行われた。原子論では、原子の存在が直接実証されておらず、仮説的な性格が強かったため、原子論を主張していくには原子・分子の実在を示す実験的な証拠が必要であった。現在、エピクロスらの原子論についてはエピクロス自身の著書が残されておらず、エピクロスの思想を含め古代ギリシャの原子論の考えはルクレティウス（９５～５５ＢＣ）が伝えているのみである。なお、オストワルトは１９０９年にノーベル化学賞を受賞している。（参考）湯川秀樹・井上健 責任編集『世界の名著六十五、現代の科学（一）』（中央公論社、１９７３年）。大野陽朗 監修『近代科学の源流─物理学編Ｉ』（北海道大学図書刊行会、１９７８年）。ルクレティウス 著『物の本質について』（樋口勝彦 訳、岩波文庫、岩波書店、１９６１年）。ルイ・ドゥ・ブロイ 著『物質の光』（河野与一 訳、岩波文庫、岩波書店、１９７２年）。

（９）原子論者と反原子論者との間の論争の中で、原子の存在を示す証拠の探求や原子・分子の大きさを推定する試みが十九世紀後半から二十世紀前半にわたって行われた。分子の実在の証明はブラウン運動に対するアインシュタインによる統計力学的な理論解析、ならびにペランによる実験的な検証によるアヴォガドロ数の決定などで成功した。アヴォガドロ数（$N_A$）は一モル（mol）中の物質中に存在する基本粒子の数で基礎定数であり、$6.022140857(74) \times 10^{23}$ $mol^{-1}$の値である。１８９７年、イギリスのトムソン（第十二章の訳注（５）参照）が気体放電の実験から陰極線は負に帯電した粒子であることを実験的に確認し、この荷電粒子の質量と電荷（（電荷／質量）・比）の決定を行った。その結果、この粒子が普遍的な存在であることが確認され、これが電子と呼ばれるようになった。電子と呼ばれるようになったのは、アイルランドの物理学者ストーニー（１８２６～１９１１）が、１８９１年に電気素量の存在を主張し、それを電子と名付けたことによる。電子の発見がなされたことから原子の構造についてのモデルが提案された。原子の構造は正の電荷を帯び中心にある原子核の周りを電子が運動するというラザフォード（１８７１〜１９３７）の原子模型を初めとして、長岡半太郎（１８６５〜１９５０）による土星型の原子模型がある。ボーア（１８８５〜１９６２）はラザフォードの原子模型を採用して原子モデルを拡張した。この原子モデルでは、電子はさまざまなエネルギー状態を取り、そのエネルギー状態間を遷移する際に光を放出するボーアの量子論（前期量子論）が提案された。ボーアの提案した量子論によって水素原子に関する実験結果が説明できた。次第に、物質は分子・原子からなり、さらに原子は電子と原子核からなっており、二十世紀に入り、あらゆる物理的・化学的な現象は原子の中の原子核ではなく電子の挙動が関係していることが明らかになった。すなわち、原子の内部構造は古典力学ではなくて、量子力学で理解されなければならなくなった。そして原子の中で原子核は陽子と中性子から成り立っており、陽子と中性子がどのような力で互いに結びついて原子核を構成しているかという問題を湯川秀樹（１９０７〜１９８１）が中間子理論で解明していくことになる。（参考）ヘリガ・カーオ著『二十世紀物理学史（上）』（岡本拓司 監訳、名古屋大学出版会、２０１５年）。

(10) ここでの議論はヘルツがキール大学で行った講義「物質の構造」の講義メモの二百四十六、二百四十七枚目にあたる。没後に出版された著書『物質の構造』で内容が取りまとめられている。

(11) ここでの議論はヘルツがキール大学で行った講義「物質の構造」の講義メモの二百五、二百六枚目にあたる。没後に出版された著書『物質の構造』で内容が取りまとめられている。なお『物質の構造』では光速度をドイツ・マイル（プロイセン・マイル＝七千五百三十二メートル）表示で一秒あたり四万二千マイルとしている。

(12) ティコ・ブラーエ（１５４６〜１６０１）の長年にわたる観測結果から、ケプラー（１５７１〜１６３０）が惑星の運動についての三法則を明らかにし、ガリレオ・ガリレイ（１５６４〜１６４２）が慣性ならびに加速度を発見した。この結果を踏まえてニュートンが三つの運動法則、(一) 慣性の法則、(二) 運動の法則、(三) 作用・反作用の法則を確立した。さらに、ニュートンは万有引力の法則を導出した。このような統一的な法則に基づく力学をニュートン力学という。ラグランジュが『解析力学』を著し、ニュートン力学を一般化、抽象的な形に書き直しニュートン力学の確立に大きな貢献をしている。太陽・惑星や恒星の運動、人工衛星ロケットの打ち上げ、惑星の探査ロケットの軌道算出、微粒子（コロイド粒子など）の運動まで巨視的な対象を扱うことができる。古典力学はミクロなレベルの事象を扱う量子力学や相対的な力学に対立するものとして扱われている。（参考）湯川秀樹・井上健 編集『世界の名著六十五、現代の科学（一）』（中央公論社、１９７３年）。

（13）１８９４年2月16日のベルリン物理学会で挨拶がなされており、その内容は以下の報告書に掲載されている。マックス・プランク「ハインリッヒ・ルドルフ・ヘルツ―追悼の言葉」(Leipzig, Johann Ambrosius Barth (Arthur Meiner), 1894)。

## 第七章　仕事、生活、変化への憧れ

（1）カールスルーエはバーデン大公国にある都市で１９０１年頃の人口は約十万人であり、現在はドイツ連邦の憲法裁判所がある。

（2）カールスルーエ高等工業学校はカールスルーエ工科大学の前身で１８２５年にルートヴィッヒ一世により設立された。ヘルツが正教授に就任した１８８５年に工科大学になり、１９６７年にはカールスルーエ大学、２００９年にはカールスルーエ大学とカールスルーエ研究センターが合併し、カールスルーエ工科大学として総合大学になる。ガソリン駆動のエンジンを開発し、自動車産業を興したカール・ベンツ（１８４４～１９２９）が卒業している。

（3）フェルデナンド・ブラウン（１８５０～１９１８）はドイツの物理学者。マールブルク、ベルリンの各大学で学び、無線通信の開発に関する貢献で１９０９年ノーベル物理学賞をマルコーニと共同で受賞した。シュトラースブルク大学の物理学研究所の所長を務めた。カールスルーエ工科大学ではヘルツの前任者。

（4）テュービンゲン大学は１４７７年に創設されたテュービンゲン神学校が前身で、ドイツ南西部のネッカー河畔のテュービンゲンにある。ケプラー、ヘーゲル（１７７０～１８３１）などが学んでいる。

（5）バーデン大公国はドイツ南西部にあった大公国で、１８７１年当時ではあるが、人口は約百四十六万人であった。１１１２年より分裂を繰り返しながら代々所領を引き継ぎ、１８７１年にドイツ帝国の構成国となり、１９１８年のドイツ革命まで存続した。１９５２年以降、ドイツのバーデン‐ヴュルテンブルク州の一部となっている。大公国は君主制の一形態であり、大公が治めている国を指す。現存する大公国はルクセンブルク大公国のみである。

（6）ヘルツは１８８４年12月28日にカールスルーエ高等工業学校に決め、１８８５年3月29日にカールスルーエに向かってキールを出発している。同年の4月1日に教授に就任した。

（7）ヘルツの娘マチルダによると、「ヘルツはキールで恋愛に陥ったが、何らかの理由で結婚するまでには至らなく、カールスルーエに去るまで憂鬱、ふさいだ気分」とある。（参考）Susskind C 著『Heinrich Hertz- a short life』(San Francisco Press, 1995) の86ページより。

（8）テューリンゲンの森はドイツ連邦州のテューリンゲン州に位置する森林豊かな山地のことで、ハイキングやウインタースポーツなどが盛んな避暑地。ゲーテ街道として観光街道に位置する。テューリンゲン州は第二次世界大戦後ドイツ再統一まで東ドイツに組み込まれていた。

（9）キールにあるMaritim Hotel Bellevue のことか。

（10）エリザベス・ドール（１８６４～１９４１）はヘルツの妻。１８８６年7月31日にヘルツと結婚し、ヘルツとの間に二女をもうけたが二十九歳で未亡人となった。ナチス時代の１９３６年に娘二人とイギリスに移住し、電子を発見したとされるジョセフ・ジョン・トムソン卿の仲立ちによりオックスフォード、ケンブリッジ大学近くのガートンに落ち着いた。エリザベスはガートンで１９４１年12月28日に七十七歳で亡くなり、同地のセントアンドリューズ教会の墓地に墓碑銘もなく葬られた。しかし、エリザベスが亡くなってから五十年を過ぎた１９９１年、同教会の管理人で技師のブルッグス、ケンブリッジ大学の司書ニールの両氏が古い記録を調べ、物故者がエリザベスであることが確認された。１９９２年にはヘルツの甥の息子でカールスルーエ工科大学・化学科教授のヘルマン・ヘルツ（１９２２～１９９９）が中心となって募金を集め、墓碑銘が建てられた。そこには「ボン大学物理学教授、ハインリッヒ・ルドルフ・ヘルツ未亡人」と記されている。イギリスに一緒に行った長女のヨハンナ・ヘルツと次女のマチルダ・ヘルツについては、それぞれ本章の訳注(15)と第十二章の訳注(７)を参照のこと。今ではハンブルクのヘルツの傍らに葬られている。

（参考）Pippard B著「エリザベス・ヘルツ（旧姓ドール）（１８６４～１９４１）、ボン大学の物理学教授、ハインリッヒ・ルドルフ・ヘルツ（１８５７～１８９４）の未亡人」(Phys. perspect 4, pp.241-242, 2002)。

(11)　バイエルンは王国として、ドイツ南東部に位置しプロイセンに次いで大きく、人口は約四百八十六万人（１８７１年当時）で州都はミュンヘン。

(12)　チロル。オーストリア西部からイタリア北部にまたがる地方。なお、チロル州は、バイエルン州、スイス、イタリアに接している州でインスブルックが州都。

(13)　ボーデン湖。ドイツ、スイス、オーストリアの国境に位置する湖。コンスタンツ湖とも呼ばれる。ライン川に流れ込んでいるドイツ最大の湖。

(14)　写真中央のマックス・ドール（１８３３～１９０５）はカールスルーエ工科大学の測地学者でヘルツの義父でエリザベス・ドールの父親。二列目の左はヘルツの妻エリザベス。中央の子供は長女のヨハンナ・ヘルツ（１８８７～１９６７）。右はマックス・ドール夫人でヘルツの義母。後列左の軍服姿はヘルツ本人。ヘルツの右側はお手伝いと思われるが不明。後列右はカール・プルフリッッヒ（１８５８～１９２７）。後列右側から二人目はマックス・ドールの娘マチルダ・ドール。プルフリッッヒはボン大学の物理学者でヘルツの助手として勤めていたが、マチルダ・ドールと１８９１年に結婚した。プルフリッッヒとマチルダは光学機械企業のカール・ツァイスの研究所に勤めるためイェーナに移住し、イェーナ大学のアッベ（１８４０～１９０６）に指導を受け、立体写真（3-D）を発明したとされる。アッベ教授は１８８８年にカール・ツァイス財団を設立した。

(15) ヘルツの長女として１８８７年10月2日に生まれたヨハンナ・ヘルツ（１８８７～１９６７）はヘルツが亡くなったとき、わずかに六歳であった。父親が学んだハンブルクのギムナジウムであるヨハネウム校を卒業し、ミュンヘンでも一時期学んだが主にボンで医学を修めた。その間、１９１４年にウサギを用いたＸ線の影響の研究により博士号を取得し、開業医の資格を得て、フランクフルトでのインターンを経験し、１９２２年、小児科の医院を両親が取得したボンの住居で開業した。ここで母親とのちにボン大学の教授になるマリア・フォン・リンデン（１８６９～１９３６）の三人で長年住むことになった。１９３３年以降、ヒトラーが政権を取ってから保険医としての開業が許されなくなり、１９３６年6月30日にイギリスに移住した。しかし、困窮の中での生活や精神的な病気に罹り、療養所に入所するなど一度もドイツに戻ることなく１９６７年に亡くなった。今では、１９７５年に亡くなった妹のマチルダと一緒にハンブルクの父親の傍らに埋葬されている。

## 第八章　火花実験

(1) ハインリッヒ・ダニエル・リュームコルフ（１８０３～１８７７）はドイツの電気工学者。電流の断続を利用して高電圧を連続的に得る装置、感応コイルを1851年に発明した。本文では装置を「リュームコルフ」として言及している。リュームコルフはドイツのハノーファー生まれで、イギリスで技術を身につけパリにおいて感応コイルを発明した。この発明によりナポレオン三世より賞金が授与されている。パリにて死去。感応コイルはレントゲンがX線を発見したときにも使用されている。リュームコルフの発明品は『地底旅行』、『月世界旅行』、『海底二万里』などのジュール・ベルヌのSF小説でも紹介されている。実際にはリュームコルフの感応コイルよりも優れた装置をアメリカのページ（1812～1868）が1838年に製作している。

（2）光電効果は物質に光をあてると電子が物質の表面から放出される現象である。ヘルツが紫外線を陰極にあてて初めて見い出した現象であり、その後レナルト（第十三章の訳注（4）を参照）らが現象の解明を進めた。光電効果の理論的な解明は1905年に光量子を仮定してアインシュタインが行った。光電子増倍管などに光電効果現象が利用されている。

（3）アルバート・アインシュタイン（1879～1955）はドイツの物理学者。ウルムの電気技師で企業家のユダヤ人家庭で生まれた。徴兵を嫌い、また父親の事業の失敗などによりギムナジウムを中退した。その後スイスに移り、数学と物理の抜群の成績のおかげでチューリッヒ工科大学に入学した。卒業後スイス、ベルンの特許局技師として勤めていた1905年、「光電効果」、「ブラウン運動」、「特殊相対性理論」の異なった三つのテーマについて論文を発表し、二十世紀の科学に革命的な変化をもたらした。そのため、1905年は「奇跡の年」と呼ばれている。理論物理学の諸研究、特に光電効果の法則の発見で1921年度のノーベル物理学賞を受賞した。ベルリン大学教授、カイザー・ヴィルヘルム研究所長を歴任し、1933年にナチスのドイツを逃れてアメリカに渡り、プリンストン大学高級研究所で研究を進めた。（参考）米沢富美子 著『人物で語る物理入門（上下）』（岩波新書、岩波書店、2005年）。

（4）量子論は黒体放射の波長依存性の問題を解決しようとする試みから誕生した。黒体はすべての波長の電磁波を吸収、放出する理想的な物体のことである。1900年12月、ベルリンの物理学会でマックス・プランクは黒体放射のエネルギー振動数依存性に対して、エネルギー量子仮説を発表した。そのことから、1900年が量子論の始まりとされている。量子仮説は「振動数が毎秒$\gamma$の振動子がエネルギーをほかに与えたり、ほかから受け取ったりする際、そのエネルギーの値はある定数$h$と振動数$\gamma$との積$h\gamma$の整数倍に限られる」というものである。$h$はプランク定数と呼ばれ、量子論を特徴付ける定数で、$h = 6.62607004(81) \times 10^{-34}$Jsである。この量子仮説の導入によって量子論が発展していった。（参考）ヘルガ・カーオ著『二十世紀物理学史（上）』（岡本拓司 監訳、名古屋大学出版会、2015年）。

（5）プランクが唱えた量子仮説をアインシュタインが発展させ、光は一個のエネルギーが$h\gamma$に等しい光量子の集まりであるとした。1926年にカルフォルニア大学教授のルイス（1875～1948）が光量子を光子という言葉を提案し、今日広く一般に使われている。

（6）1879年にヘルムホルツがヘルツに勧めたベルリン科学アカデミーの懸賞問題は「絶縁体への電気力学作用」を明らかにすることであり、この問題には変位電流の存在を確かめることが暗に含まれていた。変位電流は絶縁体の電気的な分極に関係した電磁的な作用である。マクスウェルの電磁場理論では振動する電荷や電流の周りに振動する電場や磁場が発生し、これが電磁波として遠くに伝わっていく。さてマクスウェルは理論を構築するのに矛盾が生じないように変位電流の考え方を導入し、これによって電磁波の存在を理論的に予言した。本文に述べているように1887年、ヘルツは変位電流の存在を間接的に明らかにすることで、電磁波の存在を実験的に検証した。ヘルツはその実験のために「誘導天秤」（Induktionswaage）の手法を用いた。まずヘルツは急速な電気振動を用いた。この振動で励起された一次導体（振動子）は二次導体（共鳴子）に誘導作用を及ぼし、その誘起された電気的な擾乱を観測するのには、一次導体と二次導体の間に火花放電の間隙を設けておけばいい。二次導体を一次導体に近づけ、両導体の振動周期が同じ場合には火花放電は観測されないので、この平衡状態に他の導体を近づけると平衡が破れて火花放電が生じる。その際に、放電間隙を動かし、新しい平衡位置を求められれば、第三の導体で誘起された電気量がわかることになる。このような系を「誘導天秤」とした。絶縁体を近づけた場合にも、同じような効果が期待されるので、さまざまな絶縁体を用いることで火花を観測した。火花が認められれば、電気分極が起きており、変位電流の存在を間接的に検証することになる。変位電流の存在が検証されたので、次いでヘルツは電磁波の性質と光の性質が同じであるかを直進性、反射、屈折、干渉などで調べ、電磁波の存在を実験的に明らかにしていくことになった。（参考）湯川秀樹 監修『岩波講座 現代物理学の基礎Ⅰ古典物理学Ⅰ』（岩波書店、１９７５年）。

（７）実験に用いた絶縁体はアスファルト（L 140× W 40× H 60〔$cm^3$〕）、石炭の人工ピッチ、木材、紙（L 70× W 20× H 35〔$cm^3$〕）、硫黄（L 70× W 20× H 35〔$cm^3$〕）、パラフィン、ペトロール（L 70× W 20× H 35〔$cm^3$〕）、砂岩などである。

（８）ツェントナー重量の単位で一ツェントナーは五十キログラム（略はZtr）。

## 第九章　導線上の波

（１）マクスウェリアンとは、マクスウェルの電磁場理論の本質を理解して、マクスウェルが明確にできなかった電磁場の定式化を完成しようと試みた物理学者を指している（ヘヴィサイドによる）。マクスウェリアンにはヘヴィサイド（本章の訳注（２）を参照）、フィッツジェラルド（本章の訳注（９）を参照）、ロッジ卿（１８５１～１９４０）、ヘルツらを中心としてポインティング（１８５２～１９１４）、ラーモア（１８５７～１９４２）らも含まれる。（参考）Hunt BJ 著『The Maxwellians』(Cornell University Press, 1991)。

（２）オリヴァー・ヘヴィサイド（１８５０～１９２５）のこと。ヘヴィサイドがフィッツジェラルドに宛てた手紙

（１８８９年1月30日付け）の中でヘルツのことについて述べている。ヘヴィサイドはイギリスの電気工学者ならびに物理学者でマクスウェルの電磁場の理論を整理して、今日我々が目にするマクスウェル方程式の形に整理した。父親は木版職人。十六歳以上での正規の学校教育は受けておらず、独学で多くの研究を発表した。電離圏（電離層、ケネリー・ヘヴィサイド層）の存在を予想し、ヘヴィサイドの演算子法が有名である。インピーダンス、コンダクタンスなどの用語を作る。猩紅熱のために生涯難聴で学界との交流を持たず孤高を保った研究人生を送った。電気抵抗の測定法に名を残しているホイートストン（１８０２～１８７５）は母親の姉と結婚した伯父にあたる。（参考）ポール・ナーイン著『オリヴァー・ヘヴィサイド』（高野善永訳、海鳴社、２０１２年）。

（３）　１８８８年2月3日のベルリン物理学会の会合でベルリン大学教授デュ・ボア・レーモンの司会でヘルムホルツがヘルツの報告「電気力学作用の伝播速度について」を発表。さらに１８８８年12月14日にヘルムホルツがヘルツの電気力学の最新の研究を報告している。（参考）Verhandlungen der Physikalischen Gesellschaft zu Berlin（Jahrg.7, s.15, s.99, 1888）。

（４）　アメリカ、ニューヨークのコロンビア大学からヘルムホルツのもとに留学していた物理学者のミカエル・ピューピン（１８５８～１９３５）を指す。ピューピンはオーストリア帝国・ハンガリー王国（現在のセルビア）で生まれたが、１８７４年にアメリカに移住した。１８７９年にコロンビア大学に入学し、その後欧州に留学しベルリン大学でヘルムホルツのもとで博士号を取得した。１８８９年よりコロンビア大学で教授として務め、レントゲンが発見したＸ線の医療応用、装荷ケーブルの発明など電気伝送についての研究などに従事した。（参考）Pupin MI 著『From Immigrant to Inventor』（Charles Scribner's Sons, New York, 1924）。

（５）　ドルパットはドイツ人の町として発展し、１２８０年にハンザ同盟の都市となったが、スウェーデン、ロシアに占領された歴史がある。現在のエストニアのタルトウを指す。

（6）アーサー・ヨッヒム・フォン・エッチンゲン（1836～1920）を指す。ドイツの物理学者で音楽の理論家。四百年の歴史を持つドルパット大学（現在、エストニアのタルトゥ大学）、ライプツィッヒの各大学教授を務める。1859年以降、パリ大学ではベクレル（1852～1908）に、ベルリン大学ではマグナスに、それぞれ物理を学んだ。ドルパット大学では電気物理、熱力学、気象学の研究に従事し、気象観測所を設けた。その後、ライプツィッヒ大学でオストワルトと協同で研究し音楽にも造詣が深かった。ヘルツを訪問したのは1888年2月5日である。

（7）アンリ・ポアンカレ（1854～1912）はフランスの数学者。数理物理学、天文学などの分野で重要な貢献をし、相対性理論や量子論の初期の発展に先駆的な示唆を与えた。1885年以降パリ大学の天文学教授を務めた。我が国では主著作に対する邦訳がある。たとえば『科学と方法』（吉田洋一 訳、岩波文庫、岩波書店、1953年）。『科学者と詩人』（平林初之輔 訳、岩波文庫、岩波書店、1946年、復刊 2015年）。

（8）平板 $P$ の静電結合を利用して、電波を導線上に伝える。受信装置を $C$ のように導線と平行に置いて移動させると火花が観察される。一方、$B$ のように導線と直交して置くと火花は観察されない。

（9）ジョージ・フランシス・フィッツジェラルド（1851～1901）はイギリスの植民地であったアイルランドで生まれた物理学者。ダブリンのトリニティー・カレッジを卒業し同大学で教授となり、数理物理学の研究を行う。ヘルツに先立ち、高周波電流により電磁波の伝播を理論的に予測した。マクスウェル方程式による光の電磁場理論の完成など、電磁気学の理論の完成に多大な貢献をした。マクスウェリアンの代表的な一人。

（10）英国学術協会（BA、現在は英国科学協会、略 BSA）は1831年に、ケンブリッジ大学教授の数学者バベッジ（1792～1871）が音頭をとり、国民の科学への関心を高めること、科学の普及活動を目的として設立された。学術協会はドイツの自然科学者・医学者協会にならって設立された。

（11）1888年9月6日、イギリスの温泉観光地で有名なバースで開催された第五十八回の英国学術協会の年会で数学・物理セッションのフィッツジェラルドが議長として、その演説の中でヘルツが行った実験のすばらしい成果を紹介しており、この内容がロンドン・タイムズ紙に掲載された。この演説に先立ち、イギリスのバーミンガム大学教授のロッジはヘルツの実験を学術論文より知り、7月24日付けで「Philosophical Magazine」に投稿した論文で発見の重要性について述べている。（参考）Lodge O著「避雷針の理論について」（Phil Mag. 26, pp.217-230, 1888）。本文中の言及箇所はFitzGerald GF著『The Scientific Writings of the Late George Francis FitzGerald』（Ed. J Larmor, 1902）の231ページより。

（12）ドイツ自然科学者・医学者協会（GDNÄ）は1822年に哲学者オッケン（1779〜1851）の提唱で、フンボルトの励ましによりライプツィッヒで、ドイツ帝国の成立前の小国が乱立していた当時の科学者や医者を統合した学会として組織・設立された。第二次世界大戦後の1950年にはゲッティンゲンで再設立された。科学の普及活動と科学者の社会的地位の向上を目指した。二年ごとに開催され、第一二九回の総会が2016年9月9日から12日にグライフスヴァルト大学で開催。

（13）普仏戦争に大勝した後の1871年に即位したドイツ帝国の皇帝であるヴィルヘルム一世が1888年3月9日に没した。一世はビスマルクを宰相として登用し帝国の基礎を築いた。一世の後を継いだフリードリッヒ三世（1831〜1888）も同年6月15日に死去したため、ヴィルヘルム二世が同日皇帝に即位した。ヴィルヘルム二世は積極的に世界に進出する政策をとったが、第一次世界大戦に破れて退位し、ドイツ帝国が崩壊した。本文ではフリードリッヒ三世が逝去し、ヴィルヘルム二世が即位したことを指している。

## 第十章　電気力の伝播

（1）アウグスト・シュライエルマッハー（１８５７～１９５３）はドイツの物理学者。ヘッセン州のダルムシュタットで生まれ、ミュンヘンとヴュルツブルク各大学で数学と物理を学ぶ。ヴュルツブルク大学でコールラウシェ教授のもとで学位を取得した。クント、ブラウンらと共同研究。１８８１年にカールスルーエに移り、ヘルツの共同研究者となりその後同工科大学教授を務めた。マクスウェルの電磁場理論の講義、電気の技術的な基礎・応用研究を行った。

（2）グラーツはウィーンに次ぐオーストリア第二の都市で、スタイエルマルク州の首都で工業が盛んである。人口は１８７１年の時点で約八万人ほどであった。学園都市でもあり、磁束密度の単位に名前を残しているテスラ（１８５７～１９４３）が学んだグラーツ高等工業学校（現在のグラーツ工科大学）で有名。俳優でカリフォルニア州知事を務めたシュワルツェネーガー（１９４７～）の生まれた都市でもある。

（3）ケーニヒスベルグ物理・経済協会。１７９２年に東プロイセンの農業の改善のために経済・自然科学知見を普及するために設立された。

（4）ヨハン・エミール・ウィーヒェルト（１８６１～１９２８）はドイツの地球物理学者。ケーニヒスベルク大学で学び、ゲッティンゲン大学教授を務めた地震学の開拓者。ウィーヒェルト地震計を作り、地球は層状構造をしているモデルを考え、地殻及び地球の内部構造に関する研究を進めた。ドイツ地球物理学会ではウィーヒェルトの功績を称え、エミール・ウィーヒェルト・メダルが創設されている。なお、陰極線は帯電した粒子、分子より小さい電気の原子からなっていることを示唆した結果を発表している。（参考）「陰極線の速度の測定結果」（Schriften der Physikalische-Ökonomisch Gesellschaft zu Konigsberg 38, 3, 1897)。

（５）１８８９年６月６日のケーニヒスベルク物理・経済協会でのウィーヒェルトによる講演を指す。講演のタイトルは「電気振動を用いたヘルツの実験について」（Schriften der Physikalisch-Ökonomischen Gesellschaft zu Konigsberg in PR, Dreißigster Jahrgang. pp.33-34, 1889）。

（６）ケーニヒスベルクは中世より１９４５年まで東プロイセンの中心都市であったが、ケーニヒスベルク大学は１５５４年に創立された。哲学者カントは生涯を同大学で過ごした。現在、ケーニヒスベルクはロシア領のカリーニングラード（１９４５年までは旧名のケーニヒスベルクと呼ばれた）で、理論物理学者ゾンマーフェルト（第十四章の訳注（１）を参照）、数学者ヒルベルト（１８６２〜１９４３）の生誕地である。ケーニヒスベルクの市街地を流れるプレーゲル川に架かっている七つの橋を同じ橋を通らずに渡って元の所に帰ってくることができるかどうかが数学上の「ケーニヒスベルクの橋」の問題として取り上げられた。この一筆書きの問題はグラフ理論が発展して行くきっかけとなった。１８７１年の時点でのケーニヒスベルクの人口は約十一万人であった。

## 第十一章　ボンからの招聘

（１）帝国物理工学研究所（ＰＴＲ）は１８８４年、枢密顧問官ジーメンスの寄付を基金としてベルリン、シャルロッテンベルクに設立された。同研究所はヘルムホルツを初代所長に迎えて、１８８７年に産業の基盤となる応用技術ならびに基礎研究を行う工学と理学の二部門で立ち上げられた。１８９０年代、ベルリン大学の私講師としてまた当該研究所でヘルムホルツの助手を務めたウィーン（１８６４〜１９２８）は黒体放射に関するウィーンの分布式、ウィーンの変位則などを見つけ出した。それに先立ち、１８７９年、オーストリアのウィーン大学教授のシュテファン

（１８３５～１８９３）により、高温における物体の放射に関して、その全放射エネルギーは絶対温度の四乗に比例するという法則が提案されていた（シュテファン・ボルツマンの放射法則）。このような成果を踏まえ、十九世紀末に研究所を中心として行われた黒体放射に関する実験・理論的な研究は後のプランクによる量子仮説、ひいては量子論への道を開くことになる。現在、同研究所は連邦物理工学研究所（ＰＴＢ）として度量衡研究を行っている。（参考）Cahan. D 著『The Institutional revolution in German Physics, 1865-1914』(Cambridge University Press, 1989)。小長谷大介 著『熱輻射実験と量子概念の誕生』（北海道大学出版会、２０１２年）。

（２）フリードリッヒ・アルトホフ（１８３９～１９０８）はプロイセン文部省の官僚。文部省に入る前にはシュトラースブルク大学教授を務めた。文部省にはほぼ二十五年間在任し、ドイツの科学・学問・大学の発展に多大な貢献をなした。（参考）潮木守一 著『ドイツ近代科学を支えた官僚―影の文部大臣アルトホーフ』（中公新書Ｎｏ・１１６３、中央公論新社、１９９３年）。

（３）ギーセン大学は１６０７年に設立されたドイツでも古い大学の一つである。一時期、Ｘ線を発見したレントゲンが物理学の正教授として務めていた。ギーセンはヘッセン州ラーン（ライン川の支流）河畔の工業都市。

（４）当時、ヘルツはヘッセン州の首都で人口が約三万人（１８７１年）のダルムシュタット市当局からギーセン大学への招聘状を受け取っていた。ギーセン大学を去り、ヴュルツブルク大学に招聘されていたレントゲン教授からギーセン大学における教育上の義務、給料、雇用条件などが述べられた手紙もヘルツは受け取っていた。同時に、ヘルツはアルトホフからプロイセン以外の大学からの招聘があれば知らせるようにとの連絡を受けていた。（参考）Susskind C 著『Heinrich Hertz- a short life』(San Francisco Press, 1995) の１３７ページより。

（５）ボン大学は１８１８年に設立された。マルクス（１８１８～１８８３）、ハイネ（１７９７～１８５６）、ニーチェ（１８４４～１９００）などが学んだ。ボンはベートーベンの生誕地である。１８８９年にヘルツはボン大学教授となり、1894年に亡くなった。ボンの人口はドイツ帝国が設立した1871年には約二万六千人、1900年には五万人ほどになった。

(6) ゲッティンゲン大学はニーダーザクセン州のゲッティンゲンにあり、1737年に創設された。1871年のドイツ統一の中心人物であるビスマルクが1830年代初めに在籍していた。電磁気の単位に名前を残しているガウス、ヴェーバーが教育、研究をした場所として有名である。歴史的には1837年の大学自治に関するゲッティンゲン七教授事件が有名。

(7) 原文ではPolytechnikum（高等工業学校）となっているが、1885年にはHochschule（単科大学）になったことから、ここでは工科大学と訳した。1875年の町の人口は一万五千人、1900年には三万人に達していた。

(8) カールスルーエ工科大学で古参の機械工アーマンを指す。

(9) カールスルーエ自然科学協会。1840年に、ブラウン（1805～1877）が地学、医学、物理学、化学など気象などの分野から著名な化学者を集めて設立した。初め、一月に一度集まって専門の議論を行ったが、次第に一般大衆向けの講演を行い非常な好評を博した。1862年には自然科学協会として新たに組織化した。1880年代にはヘルツが電磁波の存在について初めての講演を行った。その後、植物・動物学などの専門領域を含め自然保護の活動を推進している。協会として活動報告書を年に一度発行している。1840年当時、ブラウンは植物学の専門家でカールスルーエ高等工業学校教授であった。

(10) 表彰されたものとしてイタリア科学アカデミーからマテウチ・メダル（1888年）、1889年にはパリの科学アカデミーからラ・ケーゼ賞（12月30日）とウィーンの王立科学アカデミーからバウムガルトナー賞を、イギリス王立協会からランフォード・メダル（1890年の11月6日）、ナポリの科学アカデミーのマテウチ・メダル（1890年6月24日）、1891年にはトリノの王立科学アカデミーからはブレッサア賞（12月30日）などである。プロイセン政府も宝冠章を与えた。またベルリン、ミュンヘン、ウィーン、ゲッティンゲン、ローマ、トリノ、ボローニアのアカデミーなどがヘルツを会員に選んだ。

(11) 高等師範学校（エコール・ノルマル）はフランス革命期の1794年に国民公会によって教員の養成を目的として創立され、一時廃止されたが1808年ナポレオンによって再建された。哲学者のサルトル（1905～1980）、文学者のロマン・ロラン（1866～1944）、数学者のフーリエ（1768～1830）、ガロア（1811～1832）、微生物学者のパスツール（1822～1895）などが卒業した。エコール・ノルマルの上にエコール・ポリテクニークがある。

(12) ジュール・ジュベール（1834～1910）はフランスの物理学者。電気に興味を持ち、ルイ・パスツールの共同研究者であった。フランス物理学会の会長を歴任した。「電気の波についてのヘルツの実験」(Journal de Physique, 8(1), pp.116-126, 1889)。

(13) 1889年4月1日にヘルツがボン大学に移ったときの大学の物理学研究所は規模が小さくて、しかも環境が悪くじめじめしており、健康に良くない地下にあった。しかし、アルトホフの援助により、ヘルツは物理学研究所の改修・拡張、実験室の改造を行っていき、本文にあるように研究にのみ専念できる環境が次第に整えられていった。ヘルツが正教授として就任した直後、物理学の実習を受講する学生はわずかに八名であった。しかし、1894年にヘルツが亡くなった後の物理学研究所を引き継いだカイザー（1853～1940）の受講生は1900年で二十八名、1910年の受講生は八十名に及んだ。その結果、1911年には新たな物理学研究所の建物が造られ、ボン大学がプロイセンで二番目に大きくなっていった。それについて、物理学研究も規模が大きくなっていった。（参考）Cahan D著「The Institutional revolution in German physics, 1865-1914」(Historical Studies in the Physical Sciences, 5, pp.1-65, 1985)。

(14) ハイデルベルクはドイツのライン川とネッカー川の合流点に位置し、ハイデルベルク大学があることで学園都市として有名。大学は１３８６年に創立されたドイツ最古の大学に数えられる。ヘルムホルツ、キルヒホフも一時期、教鞭をとった。また、ヘルツの助手となったレナルトもハイデルベルク大学で学んでいる。なお、１８７１年での人口は約二万人ほどであった。

(15) １８８９年９月20日にハイデルベルクで開かれた第六十二回の自然科学者・医学者協会の大会のことである。ヘルツが依頼を受けた講演のタイトルは「光と電気との関係について」であった。本文に書かれているようにヘルムホルツ、ジーメンス、クント、コールラウシュ、ジーメンス、エディソンを初めとして国内外から百名以上の人々が聴講していた。ヘルツは本大会での講演をきっかけとして世界的に有名になっていく。

(16) ヘルツの講演は以下の小冊子として出版された。『光と電気との関係について』(Verlag von Emil Strauss、ボン、九版が１８９５年)。その後、リプリント版が２０１３年にニューデリーの出版社から出版された (Isha Books、ニューデリー、２０１３年)。

(17) トーマス・エルヴァ・エディソン（１８４７〜１９３１）はアメリカの発明家。電灯をはじめとして数多くの発明をする。１８８２年にエディソン電燈会社を設立（のちのゼネラル・エレクトリック社)。学術的には「エディソン効果」に名を残す。エディソン効果は加熱されたフィラメントから電子が放出される、熱電子放出現象のことで、この現象はフレミングの二極管の発明に結びついていく。(参考) マシュウ・ジョセフソン 著『エジソンの生涯』(矢野徹・白石佑光・須山静夫 共訳、新潮社、１９６２年)。

(18) 発表論文は「静止物体に対する電気力学の基礎方程式について」(Annalen der Physik, 276, s.577-624, 1890) で、その後に発表した「動的物体での電気力学の基礎方程式について」(Annalen der Physik, 277, s.369-399, 1890) と一緒に古典となった。マクスウェル方程式を現在我々が目にする形に取りまとめた。

## 第十二章　電気力学から力学原理へ

（1）ロンドン王立協会は1645年頃からボイル（1627～1691）を中心として科学者が定期的に開催していた集会が、1660年に国王チャールズ二世の許可のもとで設立されたもっとも古い科学と技術の振興のための協会。国家による財政的な援助はなく民間の任意団体である。本協会のフェローはFellow of the Royal Society(FRS)と呼ばれる。ニュートンが会長を務め、またマイケル・ファラデーを見い出したハンフリー・デイヴィー教授も会長を務めた。

（2）ランフォード・メダルはランフォード卿が1796年に創設した賞で、1800年より数多くの著名な研究者が受賞している。ランフォード・メダルを定めたベンジャミン・トンプソン（1753～1814）はアメリカ出身の軍人、物理学者でもありイギリスに帰化しランフォード卿と名乗る。1776年にイギリスに渡り、次いで十一年間ほどミュンヘンで過ごしている。この間、バイエルン王に仕え、国防大臣や侍従長を務めた。ミュンヘンに滞在している間、イギリス公園を設計した。大砲の砲身に孔をあけるときに熱の発生があることを見い出し、この現象はラヴォアジェらが考えていた熱素説では説明できないことから、力学的な仕事と熱の関係を明らかにし、その後の熱力学の発達に寄与した。また、イギリス王立研究所の設立に貢献した。のちにラヴォアジェの未亡人と結婚した。

（3）ウイリアム・エドワード・エアトン（1847～1908）はイギリスの物理学者。スコットランド、グラスゴー大学でケルヴィン卿（1824～1907）のもとで研究を行う。ケルヴィン卿からの要請を受けて来日し、1873年から1879年まで明治維新直後のお雇い外国人教師として工部大学校電信科の教授を務めた。電信科は現在の東京大学工学部電気系学科のルーツである。エアトンは日本からの帰国後、ロンドン・シティ同業組合学校（のちにフィンズベリー・テクニカル・カレッジ）の教授となった。なお、エアトン教授の夫人ハーサ（1854～1923）は世界最初の女性電気技術者である。

（4）ヘルツが王立協会のランフォード・メダルの授賞式に参列するためにロンドンを訪ねた際に、王立研究所、ウエストミュンスター寺院などを訪ね、デュワー（1842～1923）、ロッジ（1851～1940）、ポインティング、クルックス卿（1832～1919）、ヒューズ（1831～1900）、スワン卿（1828～1914）、クラーク（1822～1898）、フレミング、レイリー卿（1842～1919）、ケルヴィン卿、ストークス卿（1819～1903）、フィッツジェラルドなど当時代の著名な科学者との交流を持った。

（5）ジョセフ・ジョン・トムソン（1856～1940）はイギリスの物理学者。本屋の息子としてマンチェスター近郊で生まれ、ケンブリッジ大学で数学を専攻、1884年にはキャヴェンディッシュ研究所の所長となった。電子の存在を実験的に発見し、原子模型を提唱し、気体の電離、同位体の発見などの業績がある。1906年にノーベル物理学賞を受賞した。一方、トムソン一人が電子を見つけたという主張に疑問を投げかける科学歴史家が増えてきているとの話が見られる。これは1880年代以降の科学の進展を今から見てみると、多くの研究者が陰極線と荷電粒子についての研究を行っているからである。（参考）マルティネス AA 著『ニュートンのりんご、アインシュタインの神、科学神話の虚実』（野村尚子訳、青土社、2015年）。

（6）ニュートンの聖遺物。ウエストミンスター寺院は英国国王の戴冠式が行われる。同寺院にはニュートン、マクスウエル、ケルヴィン卿、ダーウィン（1809～1882）、リヴィングストン（1813～1873）などが埋葬されており崇敬の対象のなり聖人のような扱いをされている。1906年が遺骨埋葬の最後の年で、それ以降は遺灰のみを受け入れている。寺院は1987年に世界遺産になった。

（7）ヘルツの二女として1891年1月14日に生まれたマチルダ・ヘルツ（1891～1975）は三歳のときに父親のヘルツは亡くなった。マチルダは彫刻を学びミュンヘンのドイツ博物館に職を得たが、ミュンヘン大学で系統発生学の研究で学位を得た。1925年に心理学を動物の行動に応用する研究を始め、1927年にはベルリンに移り、1929年にカイザー・ヴィルヘルム生物学研究所に職を得て、ゴールドシュミット（1878〜1958）の指導のもとでミツバチの視覚についての研究を進めていき、マチルダは動物の心理・感覚生理学研究の専門家となって行った。ベルリン大学で動物実験、心理学の授業を受け持っていたが、1933年に制定された「職業公務員の再雇用に関する法」のため、1935年にベルリン大学での教授資格を失った。この間、継続して研究所の職に留まれるようにカイザー・ヴィルヘルム協会の会長マックス・プランクの口添えもあったとされているが、1936年1月にはイギリスに渡り、マックス・フォン・ラウエ（第十四章の訳注(20)を参照）やシュレディンガー（1887〜1961）、トムソン卿（本章の訳注(5)）などの助力により1938年まで一時的にオックスフォードで研究を続けた。母親と姉のヨハンナも1936年6月にはイギリスに移住したが、イギリスに馴染まなかった。またハインリッヒ・ヘルツの娘という誇りを持ち、裕福な暮らしを送ることはなく困窮な中で亡くなった。第七章の訳注(10)と(15)も参照。

(8)　ここでは『力学原理』とする。『力学原理』はヘルムホルツの「序言」に始まり、「序論」、第一部「物質系の幾何学と運動学」、第二部「物質系の力学」から構成されている。第二部はヘルツが独自の観点から試みた力学の再構築で、これにより力学の公理化を意図した。ヘルツは、「慣性の法則」と「ガウスの最小束縛の原理」を結合したものを力学の唯一の基本法則とし、時間、空間、質量の三つの基本概念だけで力学の体系を組み立てようとした。他の体系のような力、ポテンシャル、エネルギーなどの概念を取り除いている。そのため、説明が困難な場合、「目に見えない質量（verborgene Masse）」と「目に見えない運動（verborgene Bewegung）」の導入が必要になることがあるとした。基本法則として「すべての自由な系は静止または最直線経路に沿う一様運動の状態を持続する」（第二部の第二章第三百九節）が取られた。ここで「最直線経路」は経路要素が最小の曲率を持つようなものである（第一部の第五章第百五十一〜百五十二節）。「序論」で述べている科学理論が、アインシュタインやウィトゲンシュタインの思想に影響を与えた。（参考）上川友好 訳『力学原理』（物理科学の古典3、東海大学出版会、1974年）。エルンスト・マッハ著『マッハ力学―力学の批判的発展史』（伏見譲 訳、講談社、1973年）。

(9) ルードヴィッヒ・ウィトゲンシュタイン（1889〜1951）は哲学者。オーストリア、ウィーンの裕福な家庭に生まれ、リンツの実科学校（ヒトラーが同じ学校に在籍）を卒業した。在学時、ヘルツの『力学原理』を読んで深い感銘を受けている。ウィトゲンシュタインはベルリンのシャルロッテンブルク工科大学、その後イギリスに留学し、マンチェスター大学で航空工学を学んだ。同時に数学の研究に打ち込んだが突然哲学に取り付かれ、哲学者としてイギリスに帰化し、ケンブリッジ大学教授として過ごすことになる。二十世紀が生んだ最大の哲学者である。（参考）岡田雅勝 著『ウィトゲンシュタイン』（清水書院、1986年）。

(10) ジェスパー・リュツェン（1951〜）はデンマーク、コペンハーゲン大学の数学科教授で、『力学イメージの幾何学化』（Oxford University Press, 2005）の著者で、同書でヘルツの『力学原理』の哲学的、数学的ならびに物理的な内容を整理している。

(11) アハー体験。驚き、喜び、注意喚起などのアハー体験時、わずかな時間で脳内の神経細胞が活性化する。ドイツの心理学者ビューラー（1879〜1963）によって提案された。ビューラーはフライブルグ大学で心理学を学びウィーン大学教授を務めた後、ナチスに追われアメリカに移住し、南カルフォルニア大学教授となる。

(12) ウィリアム・ハミルトン（1805〜1865）はアイルランドの数学者、理論物理学者。ダブリンのトリニティー・カレッジの教授を務めた。古典力学のエネルギー方程式を完成、すなわちハミルトンの原理により、系のエネルギーを一般化運動量の関数として表示し古典力学（解析力学）を確立した。

(13) 古典力学で支配される物体はある瞬間における運動エネルギーとポテンシャルエネルギーの差、これを作用という量とすると、この量はその物体の運動経路のすべての点で計算し、経路に渡ってすべて足し合わせたもので、物体が実際にとった経路で、考えられる他の経路よりも値が小さくなる。これは最小作用の原理と呼ばれ、ラグランジェが取り入れた物理学の基本原理の一つである。ハミルトンの原理とも言われる（参考）ファインマン他著『ファインマン物理学-Ⅲ 電磁気学』（宮島龍興訳、岩波書店、１９６７年）。

（14）像は概念といったほうが適切である。人間の精神に現れる外界の表象（イメージ）を指している。

（15）ルードヴィッヒ・ボルツマン（１８４４～１９０６）はオーストリアの理論物理学者。ウィーン大学で学び、グラーツ、ミュンヘン各大学などの教授を歴任し、主に統計力学の成立に貢献した。１８９４年以降ウィーン大学教授となる。力学・電磁気学・統計力学などの研究に従事し、長年、躁うつ病に苦しみそのために自殺した。マクスウェル・ボルツマンの気体分子に関する速度分布の法則でのボルツマン定数 $k$ は気体定数をアヴォガドロ数で割ったもので、$k = 1.38066 \times 10^{-23}\,\mathrm{JK}^{-1}$である。（参考）米沢富美子著『人物で語る物理入門（上）』（岩波新書、岩波書店、２００５年）。

（16）この箇所は１８９９年９月17～23日にミュンヘンで開催された自然科学者・医学者協会と共催で開催された数学者協会の会議でボルツマンが22日に行った講演より引用した。講演タイトルは「理論物理学の方法の輓近における発展について」(Jahres- bericht der Deutschen Mathematiker- Vereinigung, s.71-95, 1900)。この講演の全訳は下記の本に掲載されている。（参考）湯川秀樹・井上健 編集『世界の名著六十五、現代の科学（一）』（中央公論社、１９７３年）。

## 第十三章　そんなに悲しまないでください

（1）ヴィルヘルム・ビュルクネス（１８６２～１９５１）はノルウェーの数理物理学者、気象学者、海洋物理学者。オスロー生まれで、ライプツィヒ大学・地球物理学研究所の所長を経て、１９２８年よりオスロー大学教授となり、ビュルクネスの循環定理の発見、ならびに気圧の絶対単位（ミリバール）を導入した。博士号はヘルツのもとで行った電磁波に関する研究で取得している。

（2）ボン大学でのヘルツの身近にはビュルクネス（本章訳注（1）参照）、義弟のプルフリッヒ（第七章の訳注（14）参照）、レナルト（本章訳注（4）参照）、ならびにブライジィッヒ（1868～1934）がいたが、繊細で一匹狼的な性格のヘルツは学派を創るまでには至らなかった。ブライジィッヒは帝国郵政省での有線による電信の専門家で、のちにベルリン工科大学の教授となる。

（3）1891年に発表された論文は以下の三編である。（一）高速電気振動の減衰について（Annalen der Physik und Chemie, 44, s.74-79）。（二）多重共振電気波現象について（Annalen der Physik und Chemie, 44, s.92-101）。（三）一次ヘルツ導体の振動の時間経過について（Annalen der Physik und Chemie, 44, s.513-526）。

（4）フィリップ・レナルト（1862～1947）はドイツの物理学者。人生の後半には反ユダヤ主義者となった。オーストリア・ハンガリー帝国のプレスブルク（現在のスロヴァキアのブラスチラバ）でワイン商の息子として生まれ、ハイデルベルク大学でブンゼンのもとで学び、ボン大学教授のヘルツの助手となって陰極線の研究を開始した。レナルトはヘルツよりわずか六歳年下であった。この陰極線の研究で1905年にノーベル物理学賞を受賞した。その後この科学的な名声は、反ユダヤ主義者として「アーリア人の物理学」（ドイツ物理学）を唱え、政治的な表舞台に登場することで次第に失われていった。著書に『Große Naturforscher』（J F Lehmanns Verlag, München, 1943）。

（5）「アーリア人の物理学」とはレナルトとヨハネス・シュタルク（1874～1957）が中心となって、ナチスの台頭を契機としてまた量子力学や相対性理論を排除し、反ユダヤ主義を中心に置いたドイツ物理学のことを指す。シュタルクはドイツの物理学者でヴュルツブルク大学教授、1933～1939年には帝国物理工学研究所所長となる。シュタルク効果の発見で1919年のノーベル物理学賞を受賞したが、ナチスの台頭以降はナチスに協力していく。

（参考）バイエルヘン 著『ヒトラー政権と科学者たち』（常石敬一 訳、岩波現代選書ＮＳ５１３、岩波書店、１９８０年）。アーミン・ヘルマン 著『アインシュタインの時代』（杉元賢治・一口捷二共訳、地人書館、１９９３年）。ジョン・コーンウェル 著『ヒトラーの科学者たち』（松宮克昌 訳、作品社、２０１５年）。ブルース・ヒルマン、ビルギット・エルトル＝ヴァグナー、ベルント・ヴァグナー 著『アインシュタインとヒトラーの科学者』（大山晶 訳、原書房、２０１６年）。

（６）単極誘導は電磁誘導の例としてファラデーが１８３２年に発見したが、十分な説明がなされなかった。円柱状磁石を軸の周りに回転させ、中心軸と円柱側面の間に起電力が生じる現象でファラデー円板とも呼ばれている。（参考）ダンネマン 著『大自然科学史　第九巻』（安田徳太郎 訳編、三省堂、１９７９年）。太田浩一 著『電磁気学の基礎Ⅰ』（東京大学出版会、２０１２年）。

（７）陰極線は真空にした放電管（ガイスラー管、クルックス管、レナルト管など）に電圧をかけて放電を起こした実験から得られ、後に電子の流れであることが明らかになった。１８５８年、ドイツ、ボン大学のプリュッカー（１８０１～１８６８）が放電管で陰極と向かい合ったガラスの内壁に緑色のグローが発して輝くこと、陰極の前に障害物を置くとガラスの内壁に影ができることを観察した。また、１８７５年には、イギリスのクルックス（１８３２～１９１９）は放電管の中に置いた風車が回転することを観察した。次第にこのような現象は陰極から何かが飛び出してきて見られる現象と考えられるようになっていった。１８７６年にはドイツのゴールドシュタイン（１８５０～１９３０）がこの何かを陰極線と名付けた。ゴールドシュタインはヘルツがベルリン大学での助手時代の同僚であった。この陰極線は陰極の材料を種々変えても性質が同じであることからその性質は物質によらないものと考えられた。（参考）ダンネマン著『大自然科学史　第十二巻』（安田徳太郎 訳編、三省堂、１９７９年）。

（８）電子の発見の経緯は次のようである。放電管の真空度を上げて、陰極線の性質が調べられていった。１８９７年にはイギリスのトムソンが陰極線は電荷を帯びた粒子であることを実験的に明らかにし、その粒子の比電荷（質量と電荷の比：$e/m$）を調べると、陰極に用いる材料の物質に無関係に比電荷が一定であることを示した。そうして、原子内にある荷電粒子を仮定するとさまざまな物理現象が説明されるようになっていった。この原子の中の荷電粒子が電子と名付けられ、フィッツジェラルドが陰極線を電子の流れとして説明した。この電子の比電荷は $1.758820 \times 10^{11}$〔C/kg〕である。なお、アメリカのミリカン（１８６８～１９５３）が油滴法により電子の精密な電荷量を測定している。こうして物質は分子、原子からなり、さらに原子は電子と原子核からなっていることが明らかになった。一方、ヘルツは陰極線が正と負に荷電した二枚の金属版の間では通過してもほとんど曲がらないことを見い出した。これによって陰極線が荷電された粒子のビームではないとし、ヘルムホルツやヘルツらは陰極線を電磁波と考えた。ヴィーデマン（１８２６～１８８９）も電磁波説を唱えた。ヘルツらの結果は実験時の放電管の真空度が低く、残留気体に電気伝導性が与えられたために、陰極線が残留気体を電離したことによることがのちに判明している。これはトムソンが真空度を十分にあげた実験から明らかになった。ヘルツは１８９２年には陰極線が薄いアルミニウムの箔を容易に透過することを明らかにした。ヘルツの助手のレナルトはヘルツの実験を引き継ぎ、ガイスラー管を非常に薄いアルミニウム箔で密封すると、陰極線がアルミニウム箔を容易に透過し、近くの空気が燐光することを見い出した（レナルトの窓）。（参考）大野陽朗 監修『近代科学の源流―物理学編Ⅲ』（北海道大学図書刊行会、１９７７年）。ヘリガ・カーオ 著『二十世紀物理学史（上）』（岡本拓司 監訳、名古屋大学出版会、２０１５年）。

（9）この箇所は以下の論文より引用。「薄い金属箔による陰極線の透過性について」（Annalen der Physik, 281(1), 28-32, 1892）。

（10）ガイスラー管は真空放電の実験に用いられる放電管で、ドイツ・ボン大学の機械工ガイスラー（１８１４～１８７９）が発明した。ガイスラーはボンに住み、温度計・圧力計などの製作に優れ、ボン大学より多くの注文を受け、ガイスラー管や真空ポンプの発明を行う。ボン大学より名誉学位を受ける。

(11) レナルトの窓。陰極線を管外に取り出すために、三〜五マイクロメートルの厚さのアルミニウムの箔を使用して窓を作った。この窓を「レナルトの窓」と呼び、陰極線がこの窓を通して空気中に数センチメートル飛び出していることが確認された。

(12) 枯草熱はスギやブタクサの花粉によって起こるアレルギー性副鼻腔炎、くしゃみ、鼻水、目のかゆみ、喘息などの症状が見られる。今では花粉症とも呼ばれている。

(13) ハンブルクではコレラの発生・流行が１８９２年の夏に見られた。ハンブルクでは死者の数が八千六百五人に対して、隣町のアルトナではわずかに三百二十六人であった。ハンブルクではエルベ川から上水を取り入れ、下水はエルベ川の河口に放流していた。アルトナでも上水はエルベ川から取り入れていたが、処理に砂層を用いた緩速のろ過装置を取り入れていた。このような結果から、コレラの予防に対して上水のろ過処理の重要性が明らかになる。その後ハンブルクでは上水のろ過装置の設置など水道システムの改善を行っていく。当時、コレラの細菌説に対してロベルト・コッホとペッテンコーファー（１８１８〜１９０１）の間で有名な論争があった。ペッテンコーファーはドイツ（バイエルン王国）の衛生学者でミュンヘン大学にドイツ初の衛生学講座を設立し、下水道普及・衛生行政に多大な貢献をした「近代衛生学の父」と呼ばれる。森林太郎のドイツ留学時代の恩師である。（参考）ダンネマン 著『大自然科学史第十巻』（安田徳太郎 訳編、三省堂、１９７９年）。

(14) ロベルト・コッホ（１８４３〜１９１０）はドイツの細菌学者。ハノーファーに生まれ、ゲッティンゲン大学で学び、ベルリン大学教授、新設された伝染病研究所の所長を務めた。微生物病の病因論の確立、培養・染色などの検査法の確立など細菌学に画期的な業績を残した。結核菌・コレラ菌の発見、ツベルクリンの創製。１９０５年にノーベル生理医学賞を受賞。北里柴三郎（１８５３〜１９３１）はドイツ留学時にコッホに師事した。北里は破傷風菌の発見、ジフテリア・破傷風菌抗毒血清の発見など血清学に歴史的な業績を残した。また北里大学を創設したことでも有名。

(15) バーデン・バーデンはドイツのバーデン・ヴュルテンベルク州にある観光、温泉地として有名な都市。温泉の泉質は食塩泉で、リウマチや神経痛に効くとされている。シュヴァルツヴァルト（黒い森）の北部に位置する。ブラームス、クララ・シューマン（1819〜1896）、ヨハン・シュトラウス（1825〜1899）などの音楽家、小説家など著名人が保養した地として有名。コッホの終焉の地でもある。

(16) 瘴気は山や川また沼や下水などに漂う悪い空気が病気を引き起こすとする考え方で、それを引き起こす悪い空気のこと。古くはギリシャの医者ヒポクラテス（460〜370BC）が唱え、十九世紀頃まで考えられた。コレラも瘴気が原因と考えられていたが、コッホによるコレラ菌の発見がなされた。

(17) ダモクレスの剣は戦々恐々とした一発即発の危険な状況を示す。イタリアのシチリア島の南東部にある都市シラクサで、ダモクレス（生没年不詳）はシラクサの僭主ディオニュシオス一世（432〜367BC）に仕えた人物で、王の幸福を称えたダモクレスが王を王座に座らせ、頭上に剣をつるし、王には常に危険が付きまとっていることを悟らせる説話。シラクサはアルキメデスの出身地である。アメリカのケネディ大統領（1917〜1963）が1961年に行った国連演説で引用されている。

(18) 1893年3月から4月にかけて、ヘルツとエリザベスはスイスのルツェルンを経由し、ゴットハルト峠を越えミラノ、リグリア州のリビエラなどに旅行をしている。

(19) バート・ライヘンハルはドイツ、アルプスの麓の国定公園内にあるベルヒテスガーデン地方にある町。ケルト人が住んでいた古くから高級保養地として有名な場所。古く紀元前より塩が取れるところであることから豊富な塩水を使った呼吸器系の療養地として有名である。

(20) オールスドルフ墓地はハンブルク北部にある公園墓地であり、1877年に開園し、約四百ヘクタールの広さがあり、世界有数の規模を誇る。チャペル、美術館なども備え、二十六万ほどの墓碑がある。

## 第十四章　追憶

（１）アルノルト・ゾンマーフェルト（１８６８～１９５１）はドイツの理論物理学者。東プロイセンの州都のケーニヒスベルクで生まれ、ゲッティンゲン大学で学んだ。１９０７年から１９４０年までミュンヘン大学教授として、ハイゼンベルク、パウリ（１９００～１９５８）、デバイ（１８８４～１９６６）、ベーテ（１９０６～２００５）、ポーリング（１９０１～１９９４）のノーベル賞受賞者を含む多数の優秀な物理学者を輩出したゾンマーフェルト学派を作った。ゾンマーフェルト自身は何度もノーベル賞の候補者にあげられたが受賞はかなわなかった。代表的な著書は『ゾンマーフェルト理論物理学講座全六巻』（日本語訳、講談社、１９６９年）。（参考）Michael Eckert 著『Arnold Sommerfeld-Science, Life and Turnulent Times 1868-1951』（Springer verlag, 2013）。ミヒャエル・エッケルト著『原子理論の社会史―ゾンマーフェルトとその学派を巡って』（金子昌嗣訳、海鳴社、２０１２年）。

（２）バイエルン科学アカデミーは１７５８年に設立されたアカデミーを基にして、１７６９年にマクシミリアン三世（１７２７～１７７７、バイエルン選帝侯）によって設立された。ミュンヘンに本部を置き、当初の活動は歴史と哲学からなり、現在は歴史・哲学ならびに数学・物理の二つの分野に分かれて活動を継続している。

（３）キール新聞の１９０９年12月28日付け「雑録」に記事は掲載されており、以下がその内容である。「―電気の歴史から―。シュレースヴィヒ生まれのヴィルヘルム・フェッダーセン博士がライプツィヒで、電気の放電はそれまで受け入れられていたように急速でしかも連続的な電荷の流れではなく、ある条件下で電気が行きつ戻りつするという発見をしてから今月で丁度五十年が過ぎました。この発見は残念ながら若くして亡くなったハインリッヒ・ヘルツ

（１８８１年にキール大学の物理学の私講師、１８９４年にハンブルクで死去）が基礎付けた電気の波の動きの理論と一致する。無線通信はヘルツが明らかにした原理に基づいている」。実際には、１８８３年にキール大学の私講師になり１８９４年にボンで亡くなった。本注での引用は以下の参考の１８０ページより。（参考）Henke M 著『Flinke Funken im schnellen Spiegel- Berend Wilhelm Feddersen und der Nachweis der elektischen Schwingungen』（Martin Henke Hamburg, 2000）。

（４）シュレースヴィヒはユトランド半島に位置し、ホルシュタインと共にデンマーク領であったが、１８６４年にプロイセン領に編入された。１９２０年以降、ユトランド半島の北部はデンマーク領に、南部はシュレースヴィヒ・ホルシュタイン州としてドイツ領になっている。シュレースヴィヒは同州の都市で、１８７１年の統計では、人口は一万五千人ほどである。

（５）ベレント・ヴィルヘルム・フェッダーセン（１８３２～１９１８）はユトランド半島の付け根に位置するドイツ・シュレースヴィヒで生まれた物理学者。ゲッティンゲン大学で化学と物理を学び、マグナス教授に物理を学ぶためにベルリン大学に、その後キール大学に移り、カーステン教授に教えを請うた。１８５７年より五年間ほどにわたり、ライデン瓶と回転鏡を用いて火花放電を写真に撮影し、ある条件で電気振動が生じることを実験的に見つけ出した。その後は亡くなるまでライプツィヒに住み、研究者との交流をしながら孤高な研究者として過ごした。１９０９年キール新聞への投稿を契機として、無線通信の発見はヘルツではないことを専門家に対して主張した。

（６）フェッダーセンは１９０９年12月28日付けで掲載された「雑録」記事に反論する記事を、キール新聞に投稿している。その投稿記事は１９０９年12月31日付けで同新聞に掲載された。以下がその内容の要約である。「―無線通信の成り立ち―。学芸欄の「雑録」記事（本章の訳注（３））では無線通信の祖はハインリッヒ・ヘルツとしているが、これは全く間違っている。電気の波の反射、屈折、偏光などの実験、ならびに理論的な研究をヘルツは行ったが、無線通信を生み出すことはなかった。空間への電気振動の伝播は１８３１年のファラデーの電磁誘導の発見によっている。ヘルツ、フェッダーセンが見い出した波は遠くに伝播することはなかった。フランスのブランリー教授がコヒーラを見い出したこと、またマルコーニがこのコヒーラを用いて、電気振動を検出したことである。無線通信の祖として、最初にフランスのブランリー、次いでイタリアのマルコーニをあげなければならない。これが本当のところである」（本章の訳注（３）の参考資料の１８０～１８１ページよりの要約）。なお、ブランリー（１８４４～１９４０）はフランスの物理学者・発明家でパリのカトリック大学教授。１８９０年、ガラス管に金属粉を密封して二本の金属棒を差し込み、抵抗が放電によって変化することを見い出した。この変化は電磁波の影響であることが明らかとなり、電磁波の検出器の名称をブランリーはラジオコンダクターとしたが、のちにイギリスのロッジがコヒーラと名付けた。

（７）ベルリンの帝国郵政省顧問はカール・ストレッカー（１８５８～１９３４）のこと。ストレッカーはドイツの物理学者で電気技術者でもある。テュービンゲン、ハイデルベルク、シュトラースブルク、ヴュルツブルクの各大学で物理を学ぶ。ベルリン高等工業学校教授、枢密顧問官となり、１９０４年より、ベルリンの帝国郵政省の専門の顧問官を務める。

（８）ロシアの物理学者としてのオレスト・フヴォリソン（１８５２～１９３４）を指している。フヴォリソンはサンクトペテルブルク大学とライプツッヒ大学で物理学を学び、１８９３年よりサンクトペテルブルク大学の電気技術研究所の教授。１９００年、国家評議会メンバーの称号を得る。

（９）１９１８年４月13日にシュッツガルトで開催された赤十字ドイツ婦人協会の席で、聴衆が千人ほどでの通俗講話を指していると思われる。演題は「ハインリッヒ・ヘルツ以降のドイツ物理学の進展」である。

（10）フリッツ・ハーバー（１８６８～１９３４）はドイツ、シレジア（現在はポーランド領）で生まれたユダヤ人でベルリン、ハイデルベルクの各大学で有機化学を学ぶ。１９０６年よりカールスルーエ工科大学に勤務し、熱力学の研究を進め、アンモニア合成に取り組んだ。その後、ベルリンに新設されたカイザー・ヴィルヘルム協会の物理化学・電気化学研究所所長ならびにベルリン大学教授を務めた。第一次世界大戦の間、毒ガス作戦に関係した。１９３３年からのナチスの独裁体制によりドイツを離れ、イギリスに向かう途中のスイスのバーゼルで亡くなった。ナチス政権下で、マックス・プランクの主導によりハーバーを追悼する式が執り行われた。窒素分子からアンモニアの合成法を開発したことで１９１８年度のノーベル化学賞を受賞した。

(11) 国際電気標準会議（ＩＥＣ）は１９０６年に日本を含めた十三か国によって創設された電気・電子技術及び関連技術に関する国際規格を開発し、発行する国際的な標準化団体である。日本は１９１０年に正式に加盟した。本部はスイス・ジュネーブにあり、初代会長はケルヴィン卿である。我が国からは日本工業標準調査会（ＪＩＳＣ）が加盟している。

(12) アンドレ・マリー・アンペール（１７７５～１８３６）はフランスの物理学者。リオン近郊の町で生まれた。父親は裁判所の判事をしており、フランス革命に対する反逆罪で処刑された。アンペールは幼い頃より学業に優れており、パリのエコール・ポリテクニーク（理工科学校）では数学、哲学を教え、後年コレージュ・ド・フランス（特別高等教育機関）の物理学教授となる。１８２０年に発表されたエールステズの実験から、電流の相互作用に関するアンペールの法則を発表した。電流の単位であるアンペア〔Ａ〕はアンペールにちなんで名付けられた。

(13) アレサンドラ・グラフ・ヴォルタ（１７４５～１８２７）はイタリアの物理学者。イタリア北部のコモで生まれ、静電気の研究を行い電気盆や検電器を発明した。パヴィア大学教授となり、ボローニア大学のガルヴァーニ（１７３７～１７９８）の論文を読み電気の発生は筋肉ではなくて金属であるとする動物電気、金属電気の論争から電池を発明した。ナポレオンに気に入られレジョン・ドヌール勲章を授与されている。電圧のボルト〔Ｖ〕はヴォルタにちなんでいる。

(14) ジェームス・ワット（１７３６～１８１９）はスコットランド、グリーノックで生まれ、ロンドンで理学機械製作を学び、グラスゴーで機械製作者として開業した。グラスゴー大学で潜熱の現象を見つけたブラック（１７２８～１７９９）、『国富論』のアダム・スミス（１７２３～１７９０）などが後援者となり、グラスゴー大学の製図機械製作者に任命された。ブラックから熱力学を学び、熱効率のよい蒸気機関を発明した。ワットは仕事率や電力を表す単位〔Ｗ〕に名前を残している。

(15) ドイツ電気技術者協会（ＶＤＥ）は１８９３年シーメンスが創設者に加わって電気技術の安全をはかることを目的として設立された。設立後、１８９６年に最初の電気機器の安全規格を発表。ＶＤＥはＩＥＣの立ち上げメンバーである。電気に関するドイツの工業規格ＤＩＮ（例、電気安全規格ＤＩＮ ＥＮ規格）を制定する安全認証機関である。

(16) スケベニンゲンはオランダの南ホラント州の一地区で北海に面している都市。１８９２年に国際スケート連盟が創設された場所である。

(17) 教本はオイゲン・ハダモフスキー（１９０４～１９４５）が著し、原タイトルは『Dein Rundfunk. Das Rundfunkbuch für alle Volksgenossen』（Franz Eher-Nachfolger Verlag GmBH, München, 1934）である。ハダモフスキーは１９３０年にナチス党に入党した。その後ゲッペルス（１８９４～１９４５）によりナチス党ベルリン大管区放送総監に任命され、帝国ドイツ放送聴取者連盟の組織化を命じられている。１９３３年から１９４３年までナチスの帝国放送責任者と帝国ラジオ会社の社長、１９４０年から宣伝省のラジオ放送局部門の部門長。１９４２年にゲッペルスとの対立により放送業務から外された。その後徴兵され、東部戦線で終戦直前に戦死した。

(18) ＮＳＤＡＰは国家社会主義ドイツ労働党（ナチス党）の略。１９１９年に設立されたドイツ労働者党（ＤＡＰ）が、１９２０年にＮＳＤＡＰへと改称した。１９３３年にヒトラーが首相に就任し、ナチス政権が成立し独裁体制を敷いていくが１９４５年の敗戦により解党された。

(19) ヨナタン・ツェネック（１８７１～１９５９）はドイツの電気工学者。ヴュルテンベルクのルッパートホーフェンで生まれ、テュービンゲン大学で学び、シュトラースブルク大学でブラウン教授の助手を務めた。テレビ用のブラウン管の発明、無線通信の実証実験や基礎研究を行う。ハンブルク外港のクックスハーヴェン近くの北海でドイツ初めての無線通信実験を行った。１９０６年、ブラウンシュヴァイク大学教授、その後ミュンヘン工科大学教授。１９３０年代ではミュンヘンのドイツ博物館の館長。著書『Aus Physik und Technik』(Ferdinand Enke, Stuttgart, 1930)（ヘルツの評伝が含まれている）。

(20) マックス・フォン・ラウエ（１８７９～１９６０）はドイツの物理学者。シュトラースブルク、ミュンヘンの各大学で学び、その後ベルリン大学でマックス・プランクに師事する。チューリッヒ大学及びフランクフルト大学の教授を歴任後、ベルリン大学教授となる。１９１２年に閃亜鉛鉱（ZnS）の結晶を用いてＸ線の回折実験を行い、得られた写真の乾板上の回折点を結晶の原子配列から再構成する数学的な方法を見い出した。これらの結果から結晶物理学の基礎を築く。国家社会主義、ナチズムに反対し、レナルト、シュタルクと対立した。１９１４年、Ｘ線による結晶構造解析の研究でノーベル物理学賞を受賞した。

(21) エデュアルト・ゴットフリート・シュタインケ（１８９９～１９６３）はドイツの物理学者。フライブルク大学の教授で国民社会主義者ドイツ大学教員連盟の指導者であった。

(22) 総統邸はアドルフ・ヒトラー（１８８９～１９４５）がミュンヘンに構えた官邸のこと。ヒトラーに気に入られた建築家のトロースト（１８７８～１９３４）が１９３３年に設計し、１９３７年に完成した。この建物は１９３８年９月、有名なミュンヘン会談が開かれた場所である。現在はミュンヘン音楽大学となっている。

(23) たとえば、ヘルツにちなんで名付けられたカールスルーエの通りは、ナチスの時代、レントゲン通りと改称された。しかし、その後この呼称は元に戻されている。

(24) ハインリッヒ・ヘルツ振動研究所は１９２８年に設立されたが、ヒトラー政権が設立した１９３３年に研究所の名称からヘルツの名前が消された。第二次世界大戦後、１９４５年に再度、「ハインリッヒ・ヘルツ振動研究所」となり、１９７５年にはベルリンとドイツ連邦共和国が出資したハインリッヒ・ヘルツ通信技術研究所となった。その後２００３年にフラウンホーファー協会のフラウンホーファー電気通信研究所、ハインリッヒ・ヘルツ研究所となり現在に至る。

(25) ヘルツの生誕五十年を記念して、１９０７年に名付けられたハイリッヒ・ヘルツ・ギムナジウム（Heinrich- Hertz-Realgymnasium für Jungen）は１９３５年にナチスにより、学校の名前がレアルギムナジウム・アム・レヒテンアルターウーファー（Realgymnasium am rechten Alsterufer）に変更された。その後１９４５年からはハインリッヒ・ヘルツ学校（Heinrich-Hertz-Schule in Winterhude）となった。ドイツにはヘルツにちなんだ学校がいくつかある。ハンブルクにはゲザムツシューレ・ハインリッヒ・ヘルツ、ボンならびにベルリンとエアフルト（テューリンゲン州の州都）にはハインリッヒ・ヘルツ・ギムナジウム、デュッセルドルフにはハインリッヒ・ヘルツ・ベルーフ・コレーク（専門学校）、カールスルーエにはハインリッヒ・ヘルツ・シューレ、ボンにはハインリッヒ・ヘルツ・ヨーロッパ・コレーク、クイックボーン（シュレスウィヒ・ホルシュタイン州）にはハインリッヒ・ヘルツ・リアル・シューレ（実科学校）。

(26) アルフォンス・ビュール（１９００〜１９８８）はドイツの物理学者。ベルリンとハイデルベルクの各大学で学び、レナルトの指導のもとで学位を取得した。その後フライブルグ大学とチューリッヒ工科大学を経て１９３４年にカールスルーエ工科大学教授となり、ナチスに賛同し、国民社会主義者ドイツ大学教員連盟の顧問となった。レナルト、シュタルクの指導のもとで、「アーリア人の物理学」を推進していく。

(27) レナルトが出版したアーリア系のドイツ人を中心として合計六十五名の自然科学者についての生涯と業績を伝記的に取りまとめた著書で言及している。ヘルツが人生の後半で完成した『力学原理』のような成果はユダヤ人としての精神が現れており、人生前半の電磁波の実験的な成果はアーリア人の母親から受け継がれた有能さが見られるとしている。（参考）レナルト著『Große Naturforscher』（JF Lehmanns, München, 1943）。

(28) カイザー・ヴィルヘルム生物学研究所は1912年にベルリンのダーレムに創設され、今はベルリン自由大学の生物研究所である。

(29)「職業公務員の再雇用に関する法」（Gesetz zur Wiederherstellung des Berufsbeamtentums）は1933年4月7日に制定された。法律は内務相のヴィルヘウム・フリックの発案で内務省が取り仕切り、国の官僚機構の基本的な枠組みを、行政機能が損なうことなく変えることであり、公務員数の削減を行うのが趣旨であった。影響を受けたのは、新しい国家に対して政治的に信用できない人（主に共産主義的な振る舞いをした者）、非アーリア系の公務員であった。4月11日に設けられた付則により非アーリア人はユダヤ人であるとされた。両親の一人または祖父母の一人でもユダヤ人ならその公務員は非アーリア人に属し、ユダヤ教の教えに従う者は誰でもユダヤ人であるとされたが、非アーリア人でも次のような場合には、職場に留まることができた。（一）1914年8月1日以前からその職場にある者。（二）世界大戦の前線で戦った者。（三）父または息子を世界大戦で失った者である。本法及び付則により1934年から1935年にかけて、ドイツの大学、工科大学の教員七千七百五十八名中、約15％に相当する千百四十五名の教授、講師が解雇された。物理学分野では教員の25％が失われた。数学者でも20％に達した。ハインリッヒ・ヘルツの娘のマチルダ、甥のグスタフもこの追放政策に飲み込まれていった。（参考）バイエルヘン著『ヒトラー政権と科学者たち』（常石敬一訳、岩波現代選書NS513、岩波書店、1980年）。アーミン・ヘルマン著『アインシュタインの時代』（杉元賢治・一口捷二共訳、地人書館、1993年）。

(30) カイザー・ヴィルヘルム協会はベルリン大学創立百年を記念して、1911年にヴィルヘルム二世の勅許によりドイツの科学振興のために設立された機関。現在のマックス・プランク学術振興協会は戦前のカイザー・ヴィルヘルム協会の継続機関である。

（31）グスタフ・ヘルツ（１８８７～１９７５）はハインリッヒ・ヘルツの甥でドイツの物理学者。ゲッティンゲン、ミュンヘン、ベルリンの各大学で学びベルリン工科大学教授を務めた。ユダヤ人の家系のため、１９３５年に同大学を追われた。その後ベルリンのジーメンス研究所所長となるが、１９４５年にロシア人によって東側に連れ去られた（１９４５～１９５４年はソビエトの研究所、スターリン賞受賞）。その後、東ドイツ、カール・マルクス大学（現ライプツィヒ大学）教授。原子に対する電子衝突に関する法則の発見で１９２５年にノーベル物理学賞を受賞した。息子のカール・ヘルツ（１９２０～１９９０）は第二次世界大戦には軍人として参加したが、戦後米軍の助けにより解放され、スウェーデンのルンド大学で学び、同大学に職を得て、超音波の医療応用のパイオニアとしてラスカー賞が授与されノーベル賞の候補者とも言われた。

（32）１９５７年はヘルツ生誕百年にあたり誕生日の2月22日に、ハンブルク、東西ベルリンなどでヘルツの生誕百年記念式典が開かれた。開催都市の市長挨拶、ノーベル物理学賞を受賞している甥のグスタフ・ヘルツを始めとし、専門家による講演でヘルツの生涯と学術的な紹介がなされている。カールスルーエ、ボン、ダルムシュタットなどでも開催されている。これらの簡単なようすは以下で参照できる。（参考）Höfling O著「ハインリッヒ・ヘルツの生誕百年祝典／ハンブルク／東ベルリン／西ベルリン」(Physikalische Blätter 13 (4), s.178-179, 1957)。また物理学会ではベルリン大学実験物理学ホーネルイェーガー教授による「物理におけるヘルツ波の応用」の演題で記念の講演会が開催され、生誕百年の記念切手が発行された。

（33）１９８８年3月14～15日の両日、ドイツ物理学会の春の大会中、カールスルーエ大学でドイツ電気技術者協会、ドイツ物理学会、米国電気電子学会また国際電波科学連合の共催で「電磁波発見百周年記念シンポジウム」が開催された。（参考）『100 Jahre elektromagnetische Wellen-Vortrage des Heinrich- Hertz-Symposium vom 14, 15. März 1988 in Karlsruhe』(VDE Verlage, 1988)。シンポジウムの簡単な紹介については以下が参照になる。Wiesbeck W編「Heinrich-Hertz-

Symposium」（Physikalische Blätter, 44 (7), s.220, 1988）。カールスルーエ大学とカールスルーエ市では電磁波発見百周年の記念展示会を１９８８年1月28日から3月31日にわたり、「電波百年、ハインリッヒ・ヘルツの業績と影響」の標語で市内の産業会館で開催している。

（34）生誕百五十年記念の国際シンポジウムはドイツ研究振興協会とハンブルクの科学調査局の助成により、ハンブルク大学を中心に世界中のヘルツ研究者が参集して２００７年10月８～12日で開催された。同シンポジウムでは電磁波発見の意義とその後の技術的な進展と応用、またウィトゲンシュタイン及びアインシュタインに対する科学哲学者としてのヘルツの著作『力学原理』が与えた影響などが議論されている。（参考）Wolfschmidt, G 編『Proceedings of the International Scientific Sympisum in Hamburg, October 8-12, 2007』（ISBN 978-3-8370-3141-6）及び同編『Von Hertz zum Handy-Entwicklung der Kommunikation』（Nuncius Hamburgenesis, Beiträge zur Geschichte der Naturwissenschaften, Bd.6, 2007）。会議の内容は以下のＵＲＬから見ることができる。http://www.hs.uni-hamburg.de/DE/GNT/events/hertz07.htm（２０１６年６月11日確認）。また、カールスルーヘ工科大学では、２月３日と10日の両土曜日に生誕百五十年記念の講演会を開催した。

（35）ドイツ博物館は１９０３年に計画され、１９２５年に正式に開館したミュンヘンにある自然科学ならびに技術の業績を示す国立の博物館である。世界最大の博物館の一つで体験型の展示を中心にしているが科学技術に関する歴史的な文献も揃えられている。ヘルツの電磁波の実験装置、フェッダーセンの装置も展示されている。

（36）エルヴィン・クルツ（１８５７～１９３１）はイタリアのフィレンツェで彫刻を学び、１９０６年よりミュンヘン芸術大学教授。

（37）２００９年７月28日から８月２日までにブダペストで開催された第二十三回国際科学技術史会議のこと。会議の話題として、ヘルツの「力学原理」また「電磁波発見に関する実験」について現代の視点からの考察を加えた講演が行われている。会議の内容は以下のＵＲＬから見ることができる。http://www.conference.hu/ichs09/（２０１６年６月11日確認）。

（38）二十一世紀に入り、２０１３年12月４日、ヘルツが光と電磁波の等価性を示した論文を発表してから百二十五周年の記念式典がカールスルーエ工科大学で開かれた。この式典の内容は以下のＵＲＬから確認することができる。http://www.zak.kit.edu/hertz（２０１６年６月11日確認）。加えて、２０１４年12月５日、米国に本部を置く電気電子学会がヘルツの電磁波発見をマイルストーンとして、カールスルーエ工科大学でヘルツが実験を行った建物の傍にブロンズの銘板を設置して顕彰した。銘版には次のことが書かれている。「電磁波を初めて発生・実験的に証明――１８８６～１８８８――。この建物でハインリッヒ・ヘルツが１８８６～１８８８年、マクスウェル方程式を初めて確認し電磁波を予測した。彼は波の反射、回折そして屈折を観察し、さらに伝播速度が光の速度と等価であることを明らかにした。この四百五十MHzの送信機と受信機は高周波技術の基本となった」。これは以下のＵＲＬから見ることができる。http://www.kit.edu/Kit/pi_2014_16026.php（２０１６年６月11日確認）。電気電子学会のマイルストーンは１９８３年に制定され、電気・電子技術とその関連分野で、開発から二十五年を経過した歴史的業績を認定する制度であり、これまで世界中でマイルストーンとして２０１６年５月までに百六十六件が顕彰され、我が国からは八木・宇田アンテナ、黒部川第四発電所、名古屋の伊佐美送信所など計二十八件が顕彰されている。

## [著者紹介]

ミヒャエル・エッケルト（Michael Eckert）

1949年ミュンヘンで生まれ，バイロイト大学にて理論物理研究で学位を取得。取得後，物理学の歴史と科学ジャーナリズムに興味を移す。現在，ミュンヘンのドイツ博物館で自然科学・工学の歴史家として研究に従事。原子物理学，固体物理学の歴史から流体力学の歴史についての多くの著者がある。

## [訳者紹介]

重光　司（しげみつ　つかさ）

大分県に生まれる。北海道大学工学部電子工学科卒業。北海道大学大学院博士課程終了。工学博士。（一財）電力中央研究所，ならびに電磁界情報センター勤務を経て現在に至る。

西ドイツ（当時）マックス・プランク生理学研究所研究員。専門は生体電磁工学。

著　書

『生体と電磁界』（編著，学会出版センター，2003）

『電磁場生命科学』（分担，京都大学学術出版会，2005）

『電気と磁気の歴史　－人と電磁波とのかかわり－』（東京電機大学出版局，2013）

『Electromagnetics in Biology』（分担，Springer Verlag, 2006）

『Electromagnetic Fields in Biological Systems』（分担，CRC Press, 2012）

『Biomagnetics: Principles and Applications of Biomagnetic Stimulation and Imaging』（分担，CRC Press, 2016）

# ハインリッヒ・ヘルツ

2016 年 9 月 10 日　第 1 版 1 刷発行　　　ISBN 978-4-501-62990-8 C0040

著　者　ミヒャエル・エッケルト
訳　者　重光　司


発行所　学校法人 東京電機大学　〒120-8551　東京都足立区千住旭町 5 番
東京電機大学出版局　〒101-0047　東京都千代田区内神田 1-14-8
Tel. 03-5280-3433(営業) 03-5280-3422(編集)
Fax. 03-5280-3563 振替口座 00160-5-71715
http://www.tdupress.jp/



組版：蝉工房　　印刷：(株)加藤文明社　　製本：渡辺製本(株)
装丁：福田和雄
落丁・乱丁本はお取り替えいたします。　　Printed in Japan